动物的营养需要及疾病防治研究

孔庆娟　郭丹丹　著

中国海洋大学出版社
CHINA OCEAN UNIVERSITY PRESS
·青岛·

图书在版编目（CIP）数据

动物的营养需要及疾病防治研究 / 孔庆娟，郭丹丹
著 . — 青岛 : 中国海洋大学出版社，2018.12
  ISBN 978-7-5670-2176-1

Ⅰ . ①动… Ⅱ . ①孔… ②郭… Ⅲ . ①动物营养—营
养学—研究②动物疾病—防治—研究 Ⅳ . ① S816 ② S858

中国版本图书馆 CIP 数据核字（2019）第 072911 号

动物的营养需要及疾病防治研究

出版发行	中国海洋大学出版社
社　　址	青岛市香港东路 23 号　邮政编码　266071
网　　址	http://pub.ouc.edu.cn
出 版 人	杨立敏
责任编辑	王　慧
订购电话	0532-82032573(传真)
印　　刷	北京虎彩文化传播有限公司
版　　次	2019 年 10 月第 1 版
印　　次	2019 年 10 月第 1 次印刷
成品尺寸	170 mm × 240 mm
印　　张	12
字　　数	215 千
印　　数	1—1000
定　　价	58.00 元

如发现印装质量问题，请致电 18600843040，由印刷厂负责调换。

前　　言

　　动物营养与饲料科学主要研究单胃动物、反刍动物、禽类、水生动物有关营养方面的问题，以便为肉、蛋、奶、毛等动物产品的生产的高产量、高质量和高效率提供应用基础理论和先进的科学技术。近年来，我国的养殖业及饲料工业迅速发展，动物营养学研究方面取得了突破性的进展，相关的新型技术不断涌现，为畜牧业健康发展做出了重大贡献。

　　随着我国市场经济的高速发展，动物养殖业也不断壮大起来，随之而来的就是动物的疾病问题，若不及时采取合理有效的措施，其较高的发病率不仅会给养殖户带来巨大的经济损失，而且会危害人类的健康。因此，深入分析诱发动物疾病的因素，针对不同的情况采取相应对策进行对动物疾病的重点防范就显得至关重要。

　　本书主要对动物的营养需要及疾病防治进行了研究，分为两部分，第一部分依据动物的营养需要和饲养标准，论述了动物对各类营养素和能量的需要，主要内容包括：动物营养生理生化分析、动物营养代谢过程识别、营养物质间的相互关系与营养需要的研究方法、动物的营养需要与饲养标准；第二部分论述了各种家畜家禽的疾病防治技术，主要内容包括：多种动物共患病及防治、猪的传染病及防治、牛羊的传染病及防治、家禽的传染病及防治、其他动物传染病及防治。

　　全书由孔庆娟、郭丹丹撰写，具体分工如下。

　　第六章、第八章至第十章：孔庆娟（长治职业技术学院）。

　　第一章至第五章、第七章：郭丹丹（长治职业技术学院）。

　　本书在撰写过程中，参考了大量有价值的文献与资料，吸取了许多人的宝贵经验，在此向这些文献的作者表示敬意。此外，本书的撰写同时也得到了学校领导的支持和鼓励，在此一并表示感谢。由于笔者自身水平及时间有限，书中难免有错误和疏漏之处，敬请广大读者和专家批评指正。

孔庆娟　郭丹丹

2018 年 11 月

目　录

第一章 引 言

第一节 动物营养与疾病的研究内容与研究作用

一、动物营养与饲料学的研究内容与研究作用

（一）动物营养与饲料学的研究内容

动物营养与饲料学是研究营养物质摄入与动物生命活动（包括生产）之间关系的科学。动物营养是指摄取、消化和吸收食物并利用食物中的有效成分来维持生命活动、修补身体组织、生长和生产的全过程。食物中用于以上用途的有效成分即营养物质，也称为营养素或养分。饲料是动物获取营养物质的来源，是动物营养的物质基础。动物营养与饲料学包括动物营养学和饲料学两方面的内容。

1.动物营养学

动物营养学是研究和阐述动物摄入、利用营养物质过程与生命活动关系的科学。通过研究营养物质对生命活动的影响，揭示动物利用营养物质的量变、质变规律，为动物生产提供理论根据和饲养指南。动物营养原理不仅是动物生产的理论基础，而且与人类的生活、健康关系密切。动物营养学是现代动物生产和人类生活、健康必不可少的直接应用科学原理和方法指导实践的一门学科。

2.饲料学

将动物营养原理应用于动物生产是通过饲料来实现的。饲料是指能提供饲养动物所需养分、保证其健康、促进其生长和生产且在合理使用下不发生有害作用的可食物质。研究饲料的目的在于揭示饲料中的化学组成及其与动物需要之间的关系，阐明如何用适宜饲料满足动物所需要的

营养素，以提高动物的健康水平和生产性能，并降低饲养成本。

（二）动物营养与饲料学的研究作用

动物营养与饲料学的作用主要表现在如下几个方面。

1. 在现代动物生产中的作用

动物生产是人类获取优质营养食品和某些生活用品的重要社会生产活动。现代动物生产实际上是把动物作为生物转换器，将饲料特别是营养质量比较差的饲料转化成优质的动物产品（肉、奶、蛋、皮、毛等）。转化利用程度是动物生产效率的具体体现。从本质上说，动物转化的是其所需要的并含于饲料中的可利用的营养物质，转化效率固然是动物自身遗传特性的体现，但营养仍是挖掘动物最佳生产效率或最大生产潜力的主要决定因素，而后者则取决于动物营养和饲料的发展。

20 世纪 50 年代后期至今，动物生产得到了突飞猛进的发展，生产水平显著提高，其中动物营养的贡献率可达 50%～70%。全世界猪的生长速度和饲料利用效率比 50 年以前提高了 1 倍以上，出栏时间缩短到 6 个月，与 50 年前比较，现代动物的生产水平提高了 80%～200%。目前肥育猪生产体重达 90 kg 的日龄可缩短至 135～150 d，每千克增重耗料为 2.5～2.8 kg；肉牛的产肉性能也不断提高，平均日增重已达 1.5～2.0 kg，每千克增重所需饲料从 7.8 kg 降至 3.5 kg；商品蛋鸡中，72 周龄入舍母鸡的产蛋量可达 250～270 枚，产蛋期料蛋比为（2.6～2.8）∶1。

动物营养决定了动物生产水平，动物饲料则决定了生产成本。饲料成本占整个动物生产成本的 50%～80%。如何降低饲料成本是动物营养与饲料担负的一个重要任务。对动物营养需要和饲料营养价值的研究就是探索饲料中营养成分满足动物确切需要的程度，摸清这一规律就有利于恰当选取饲料，降低生产成本。

2. 在现代饲料工业中的作用

饲料工业是动物营养和饲料发展到一定阶段的必然产物，它的快速发展有力地推动了动物生产的产业化发展，促进了动物生产效率的提高。作为饲料工业的重要基础和后盾，动物营养和饲料在饲料配方设计水平和饲料加工质量的提高，饲料资源开发利用等方面都起到了指导和推动作用。

3. 在人体健康中的作用

合理的营养管理有助于改善畜禽产品品质。动物营养与饲料的深入研究为功能性食品的开发提供了理论依据和技术指导,从而达到提高人体的健康水平的目的。

4. 在保护生态环境中的作用

动物生产是环境氮、磷等元素污染的重要原因。只有应用动物营养学的原理和技术,提高动物对养分的利用效率,才能降低氮、磷等的排泄量,减少环境污染。

二、动物疾病的研究内容与作用

从广义上来说,动物疾病研究的对象涉及与人类有关的一切动物,但兽医工作者通常以与人类关系最密切、经济价值最大的家畜疾病为研究和防治的主要对象。

动物疾病研究的作用如下所示[①]。

(一)人类健康

动物疾病的研究虽然主要为了减少疾病对家畜的危害,从而保证畜牧业的发展,但它同时也对医学的进展起过巨大促进作用,对人类健康直接做出过许多重要贡献。

近代医学上最早证实的细菌性疾病是动物炭疽(1878 年),最早证实的人和动物的病毒性疾病是牛的口蹄疫(1897 年)。

首先发现的昆虫传播的疾病是牛的得克萨斯热(1893 年),其后才发现蚊传播疟疾和黄热病以及虱、蚤传播斑疹伤寒。

E. 琴纳于 1796 年发现牛痘苗可以预防天花,从而使人类通过种痘,于 20 世纪 70 年代在全世界范围内基本消灭了这种可怕的传染病。

L. 巴斯德于 1882 ～ 1885 年创制预防炭疽和狂犬病的疫苗,使这两种严重的人畜共患疾病受到了控制。

R. 柯赫于 1882 年证实人和动物的结核病都是由他所发现的结核杆菌所致,并接着制成结核菌素,用以诊断人和牛的结核病。继而法国的医学家 A.L.C. 卡尔梅特和兽医学家 C. 介朗从一株牛型结核杆菌培育出卡

---

①百度百科. 动物疾病[EB/OL]. https://baike.baidu.com/item/%E5%8A%A8%E7%89%A9%E7%96%BE%E7%97%85/9760242.

介苗（BCG），对防治人的结核病做出了杰出贡献。

1911 年，F.P. 劳斯最先证明使鸡胸肌中的纤维肉瘤传递于另一些鸡的病原为一种病毒，成为发现病毒致癌的先驱。同时也阐明人类流行性感冒来源的依据也来自对家畜和鸟类流行性感冒的研究。

近年兴起的遗传工程疫苗，也是首先在牛的口蹄疫上研制成功的。

（二）预警系统

动物在某些人类疾病，特别是营养缺乏症和中毒疾病容易发生的地方，也常有同样的疾病，而且发生于人患病之前，或比人更为严重，故可作为人病的预警。

近年来发现中国家畜患缺硒症的地方，恰好也是人类克山病的发病地区，这就为克山病的病因和防治提供了重要启示。

20 世纪 50 年代发生于日本九州熊本县的水俣病，首先是由兽医师在当地病猫的中枢神经系统中查出，然后确定人病的诊断的。

另外，农药、化学药物、放射性物质和其他环境污染毒物的中毒，也常先表现于家畜而后发生于人，因而有助于人类对这些疾病的监测。

（三）模型塑造

已知至少有 300 种人类疾病可以用动物作为模型来研究其病因、病理的发生和发展过程、患者的抗病机理以及诊断和防治方法等。

例如，可以用猪研究动脉粥样硬化和风湿性关节炎；用猪和猴研究消化道溃疡；用牛和猪研究卟啉病；用牛研究妊娠中毒；用狗研究胰腺炎、湿疹、瘙痒；以及用多种动物研究青光眼、龋齿、牙周病、肾结石等。

许多药物包括多种抗菌药物、抗疟药和驱虫药都是先在动物模型疾病或自然病例验证其疗效后才应用于人类疾病的治疗。

第二节　动物营养与疾病的发展概况

一、动物营养与饲料学的发展概况

现代动物营养与饲料学大体经历了三个阶段，共 200 多年时间才形成，而且正在向着第四个阶段发展。具体如下所示。

（一）第一阶段

从 18 世纪中叶到 19 世纪中叶的 100 年时间为第一阶段。此期的最大成就是法国化学家 A. 拉瓦锡（1743—1794）创立了燃素学说，奠定了营养学的理论基础。A. 拉瓦锡把豚鼠装在自己设计的小室中，用温度表、天平测量了体热损失、消耗的氧气和呼出的二氧化碳。他从中得出结论：动物呼吸是与体外物质燃烧相似的一种燃烧过程；动物产热与氧的消耗直接有关。第一阶段营养学进展很慢。

（二）第二阶段

从 19 世纪中叶开始，以后的 100 年为第二阶段。此阶段的主要成就是认识到了蛋白质、脂肪和碳水化合物三大有机物是动物的必需养分。大部分研究集中在这三大养分及能量利用率上，并开始积累有关矿物元素的资料。1875 年，美国成立全球第一家饲料厂，标志着动物营养学已进入到实际应用阶段。但其产品只考虑了干物质和总消化养分（TDN，Total Digestible Nutrients）两项质量指标。

（三）第三阶段

从 20 世纪中叶起，动物营养学的发展进入第三个阶段，即现代动物营养学的形成与发展阶段。

从 20 世纪 30 年代开始，维生素、氨基酸、必需脂肪酸、无机元素、能量代谢、蛋白质代谢、动物营养需要及养分互作关系的研究取得巨大进展。特别是在 20 世纪 30～40 年代，维生素的化学结构被分离并阐明以后，微量养分的营养学就初步形成了。

在 20 世纪 40 年代开始了对氨基酸的营养研究。

到 20 世纪 50 年代，研究者对微量元素、维生素、氨基酸这些微量养分的营养功能和需要量进行了大量研究，同时发现了低剂量的抗生素具有促进动物生产和改善饲料利用率的功效。这些研究成果表明：在天然饲料中加入这些微量的营养性物质（微量元素、维生素和氨基酸）以及非营养性的抗生素，可使动物生产潜力得到最大发挥。由此诞生了"饲料添加剂"的概念。

到了 20 世纪 60 年代，维生素、氨基酸、抗生素的人工合成取得成功，养殖业也开始向规模化、集约化方式发展，大大促进了动物营养与饲料学在生产实际中的应用。与此同时,饲料工业进入迅速发展时期。应用已知的动物营养与饲料学知识所生产的配合饲料能够促使养殖生产水平和饲粮利用率大幅度提高,标志着现代动物营养与饲料学已经形成。

从 20 世纪 60 年代至今,现代动物营养与饲料学得到了迅速发展。

动物营养与饲料学的形成与发展归因于长期以来农牧民养殖经验的总结和近一个世纪以来动物科学及相关学科科学技术的发展。动物营养的主要成果,如确定养分种类、了解养分代谢过程及营养功能、定义营养缺乏症、制定不同条件下动物的营养需要量等,均是世界范围内的科学家以家畜(禽)或实验动物、动物组织、微生物等为实验模型进行大量研究的结果。如大鼠对研究维生素、氨基酸、矿物元素和毒物起了巨大作用;狗在发现胰岛素、研究碳水化合物代谢以及烟酸在预防和治疗糙皮病中的功效等方面发挥了重要作用;豚鼠是阐明坏血病病因和预防措施的实验动物。此外,仓鼠、猪、猴、鹌鹑及其他动物在动物营养知识的扩展中均发挥过作用。有了这些实验模型来替代动物本身,营养学的研究才能不断深入地进行。否则,由于成本、时间、动物保护与福利等原因,只应用动物进行研究不可能获得目前所知的动物营养学知识。

(四)第四阶段

随着分析技术的进步和化学、数学、生物化学、生理学及其他相关学科的发展,动物营养与饲料学正朝着交叉领域纵深发展,分子营养学、营养与免疫学、生态营养学、饲料生物技术学等新兴学科领域正在形成。动物营养与饲料学正在向以上述交叉学科的形成为特征的第四阶段发展。动物营养与饲料学的进步必将促进动物生产和带动饲料工业。

二、动物疾病的发展概况[①]

据历史记载,动物疾病中以烈性传染病所引起的经济损失最为严重。如 18 世纪欧洲各国牛瘟流行,1713 ~ 1766 年仅法国牛即病死 1 100 万头;19 世纪末,南美各国牛瘟大流行,900 万头牛死亡 90% 以上;中国在 20 世纪 30 ~ 40 年代,每年死于牛瘟的牛达 100 万~ 200 万头。有些传染病如口蹄疫所引起的直接死亡数字虽然不大,但因乳、肉产量大幅度下降,以及施行交通封锁、隔离、消毒等措施,所造成的经济损失也很惊人。

---

① 百度百科.动物疾病 [EB/OL]. https://baike.baidu.com/item/%E5%8A%A8%E7%89%A9%E7%96%BE%E7%97%85/9760242.

寄生虫病和普通病多呈隐袭性或慢性,其后果是造成发育迟缓、生产能力降低、产品质量低劣、使役能力减弱,以及间断而持续的死亡,导致的损失也是严重的。在一些国家,传染病现虽已被消灭或得到控制,但寄生虫病和普通病所致的损失则日益突出。据估计,美国每年因家畜疾病所致的损失约占畜产总值的 5% ~ 10%。发展中国家的损失可能较此高 3 ~ 5 倍。除经济损失之外,由于家畜传染病和寄生虫病能传染给人的达 160 种,也严重危害人类健康,并使公共卫生受到严重威胁。

野生动物虽也患有各种疾病,但因其群体甚小,密度不高,故传播不广,流行不烈,多趋于自行息止,一般危害有限。一经驯化成家畜以后,群体扩大,密度增高,传染病和寄生虫病的传播迅速,流行剧烈。又因人类对家畜都有特定的需求,或令使役劳动,或供肉、乳、卵、毛,或数者兼备,而迅速众多地繁衍后代,更几乎是共同的要求,这样就使家畜长期地处于不同的紧张状态下而产生各种疾病,如役畜多易患运动器官疾病,乳畜常罹乳房炎,而消化和生殖系统疾病则为各种家畜所共有的常见病、多发病。

第三节 养殖业的发展趋势 [①]

随着时代的发展,养殖业也在发生着改变。集约化、科学化、自动化等多种新奇元素的注入,使得这个行业更加朝气蓬勃。

一、薄利化

随着大量资金流入养殖业,许多超大规模的养殖场开始成为中国养殖业的中坚力量。畜牧产品的供应量达到了时代的顶峰,由此必然伴随着利润的下降,因此节约成本,走经济化的经营道路越来越成为养殖业的主流。

---

① 产业研究智库 . 未来中国养殖行业的发展趋势［EB/OL］.https://wenku.baidu.com/view/f15885c231126edb6e1a1044.

二、集约化

随着人口的不断增长,土地资源的开发程度越来越高,养殖业可以利用的土地也越来越少。如何以更少的土地资源,创造更高的养殖效益已成为养殖业每个人需要思考的问题。走集约化的养殖道路,在单位面积上创造更高的产值,才是未来养殖业发展的方向。

三、自动化

中国的经济不断向前发展,人力成本也开始日复一日地提高。过高的薪资负担已成为制约养殖场利润的重大因素。在这种情况下,走自动化养殖的道路可以大大节约人力成本。因此,未来养殖业可能更多地依靠机器设备,人工养殖将逐步被淘汰。

四、节能化

我国虽然地大物博,各种资源一应俱全,但资源终究会有用完、耗尽的一天。走节能化的养殖道路可谓势在必行,这不仅可以降低能源的消耗,更加有利于提高养殖场的经济效益。

五、环保化

随着自然环境的不断恶化,工业生产已经越来越受到国家政策的限制。与此同时,养殖业带来的污染同样不容忽视。为了保护环境,养殖环保化、绿色化是一种必然选择。

第二章 动物营养生理生化分析

第一节 动植物体的化学组成

一、动植物体的元素组成

动植物体内约含 60 余种化学元素,按其在动植物体内含量的多少分为两大类。

(一)常量元素

常量元素是含量大于或等于 0.01% 的元素,如碳、氢、氧、氮、钙、磷、钾、钠、氯、镁、硫等,其中碳、氢、氧、氮含量最多,在植物体中约占 95%,在动物体中约占 91%。

(二)微量元素

微量元素是含量小于 0.01% 的元素,如铁、铜、钴、锌、锰、硒、碘、铬、氟等。

二、动植物体的化合物组成

动植物中的绝大多数化学元素并非以单独形式存在,而是互相结合成为复杂的有机化合物或无机化合物。构成动植物体的化合物的名称如表 2-1 所示。表 2-2 列出了动物体的主要化学成分。

表2-1 动植物体化学组成比较表

植物体化合物名称	元素组成	动物体化合物名称
植物〔水分 / 干物质〔灰分（干物质燃烧残余）/ 有机物质	H O K Na Ca Mg S Cl P Fe Cu 等 其他无机元素	水分 / 干物质〔灰分（干物质燃烧残余）/ 有机物质 动物
含氮化合物（粗蛋白质）〔蛋白质——单蛋白、复合蛋白、酶、色素、B族维生素 / 氢化物——氨基酸、酰胺类、有机碱、生物碱、某些配糖体	C H O N S P Co 等	含氮化合物（干燥脱脂、脱灰肌肉）〔体蛋白〔单蛋白、复合蛋白、血红蛋白、B族维生素 / 非蛋白氮〔氨基酸、激素（甲状腺素、肾上腺素）、B族维生素（胆碱）
	C H O N S P Cu 等	
无氮化合物〔中性脂肪、脂肪酸、色素（叶绿素、其他）、胡萝卜素及其他、维生素A、维生素D、维生素E、磷脂、固醇、挥发油（粗脂肪）、树脂	C H O 及其他无机元素	无氮化合物〔粗脂肪〔中性脂肪、脂肪酸、维生素A、胡萝卜素、维生素D、维生素E、维生素K、磷脂、固醇、性腺激素
粗纤维〔纤维素、半纤维素、木质素、其他镶嵌物质	C H O	
无氮浸出物〔淀粉、糖、多缩戊糖、果胶物质、配糖体、单宁物质、维生素C	C H O	碳水化合物〔糖原、葡萄糖、低级脂肪酸类、维生素C

表 2-2 动物体的化学成分

动物种类	水分	蛋白质	脂肪	灰分	占无脂样本 /%			占无脂干物质 /%	
					水分	蛋白质	灰分	蛋白质	灰分
犊牛(初生)	74	19	3	4.1	76.2	19.6	4.2	82.2	17.8
幼牛(肥)	68	18	10	4.0	75.6	20.0	4.4	81.6	18.4
阉牛(瘦)	64	19	12	5.1	72.6	21.6	5.8	79.1	20.9
阉牛(肥)	43	13	41	3.3	72.5	21.9	5.6	79.5	20.5
绵羊(瘦)	74	16	5	4.4	78.4	17.0	4.6	78.2	21.8
绵羊(肥)	40	11	46	2.8	74.3	20.5	5.2	79.3	20.7
猪(体重 8 kg)	73	17	6	3.4	78.2	18.2	3.6	83.3	16.7
猪(体重 30 kg)	60	13	24	2.5	79.5	17.2	3.3	84.3	15.7
猪(体重 100 kg)	49	12	36	2.6	77.0	18.9	4.1	82.3	17.6
马	61	17	17	4.5	73.9	20.6	5.5	79.2	20.8
兔	69	18	8	4.8	75.2	19.6	5.2	79.1	20.9
母鸡	57	21	19	3.2	70.2	25.9	3.9	86.8	13.2
人	59	18	18	4.3				80.7	19.3
平均					75.3	0.1	4.6	81.2	18.8

注：引自 Maynard L A, et al. Animal nutrition[M]. 7th ed. New York：McGraw-Hill, 1979.

三、动植物体化学组成的比较

动物体和植物体在化学组成上，既有相同点，又有很多不同之处。相同点是动物体和植物体都是由水分、矿物质、粗蛋白质、粗脂肪、碳水化合物和维生素 6 种同名营养物质组成(图 2-1)。不同之处是同一种营养物质在动物体和植物体内的含量不同、化学成分有差异。

（一）水分

成年动物体内的水分含量相对稳定，一般为 45%～ 60%；植物体水分含量变异较大，低的籽实饲料仅含水 5%，高的水生饲料含水量可达 95%。

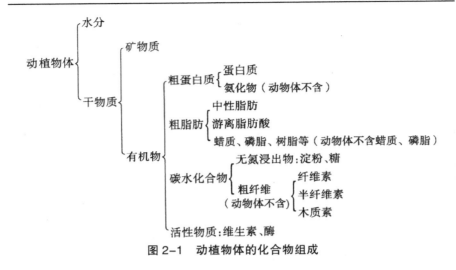

图 2-1　动植物体的化合物组成

（二）矿物质

动物体的矿物质含量比较稳定，同时钙、磷含量较高；而植物体的矿物质含量变异较大。

（三）粗蛋白质

蛋白质是动物体内的主要成分，动物体的蛋白质含量比较稳定，一般占体重的 13%～19%；植物体的粗蛋白质含量变动较大，一般为1%～36%；植物体内除含真蛋白质外，还含有较多的非蛋白氮化合物，即氨化物；而动物体内以真蛋白质为主，仅含少量的游离氨基酸，不含氨化物；动物蛋白质所含各种氨基酸的数量和比例与畜禽所要求相一致，而植物蛋白质所含各种氨基酸的数量和比例与动物需要不符，同时往往缺乏一些如赖氨酸、蛋氨酸等主要氨基酸，从而影响蛋白质的利用。因此，动物蛋白质比植物蛋白质的品质好，而且营养价值高。

（四）粗脂肪

植物体的粗脂肪中，除含中性脂肪、脂肪酸外，还含有蜡质、磷脂等；而动物体粗脂肪中不含蜡质、磷脂等。

（五）碳水化合物

碳水化合物是植物体的主要成分，碳水化合物中包括无氮浸出物和粗纤维；而动物体不含粗纤维，仅含少量葡萄糖和糖原。

（六）维生素

植物体一般都含有维生素，特别是青绿饲料中维生素含量丰富；而动物体不含维生素，仅在肝脏和产品（如蛋黄、乳）中储存有脂溶性维生素。

总之，动物和植物所含营养物质，不仅在含量上存在较大差异，而且在化学成分上也存在较多差异。了解这些差异的目的在于：根据不同动物的生理特点，合理选择不同饲料，做到科学配合、使用，提高饲料的利用率和动物的生产水平，提高养殖的经济效益。

第二节 饲料的分类及组成

一、饲料的分类

饲料种类成千上万，营养特性千差万别，如果不把饲料按一定的规律加以划分，就无法掌握各种饲料的特性，更无法合理地利用各种饲料，因此要想充分、合理地利用饲料获得量多、质优的动物产品，将饲料进行合理地分类是非常必要的。

（一）国际饲料的分类

饲料分类方法很多，可以按饲料的来源、饲料的形态及饲料的营养价值等特性来分类。随着现代动物营养学在饲料工业及畜牧业的普及和应用，各国根据本国的生产实际、饲料工业与畜牧业发展的需要，将饲料的属性进行了分类，并规定了相应的标准定义。1956 年哈里斯（Harris）根据饲料的营养特性，将饲料分为 8 大类，并提出了饲料的分类原则和编码体系（IFN）。我们把这种分类法称为国际分类法。如表 2-3 所示列出了国际饲料的分类依据原则。

表 2-3　国际饲料的分类依据原则

饲料类别	饲料编码	划分饲料类别依据 /%		
		水分（鲜样基础）	粗纤维（干物质基础）	粗蛋白（干物质基础）
粗饲料	1–00–000	< 45	≥ 18	—
青绿饲料	2–00–000	≥ 60	—	—
青贮饲料	3–00–000	≥ 45	—	—
能量饲料	4–00–000	< 45	< 18	< 20
蛋白质补充料	5–00–000	< 45	< 18	≥ 20
矿物质饲料	6–00–000	—	—	—
维生素饲料	7–00–000	—	—	—
饲料添加剂	8–00–000	—	—	—

注：引自韩友文 . 饲料与饲养学 [M]. 北京：中国农业出版社，1998.

从表 2-3 中可以看出，国际饲料分类的编码分 3 节，共 6 位数。首位数代表饲料归属的类别，后 5 位数则按饲料的重要属性进行编码。

（二）我国饲料的分类

为了适应饲料工业和养殖业的发展需要，我国于 1980 年初开始进行建立中国饲料数据库的工作。1987 年，我国农业部正式批准筹建中国饲料数据库。

我国饲料分类方法将国际饲料分类法与我国传统饲料分类法相结合，饲料分类编码分 3 节，共 7 位数。第一节由 1 位数字 1 ～ 8 组成，分别对应表 2-3 中的国际饲料分类依据原则的 8 大类编号；第二节由 2 位数字 01 ～ 17 组成，按饲料的来源、形态、生产加工方法等属性分为 17 个亚类编号；第三节由 4 位数字组成，代表饲料的个体编码。表 2-4 所示为中国饲料的分类编码。

表 2-4　中国饲料的分类编码

饲料类别		饲料编码	水分[①]（自然含水）/%	粗纤维[②]（干物质）/%	粗蛋白质[②]（干物质）/%
青绿饲料		2–01–0000	> 45	—	—
树叶	鲜树叶	2–02–0000	> 45	—	—
	风干树叶	1–02–0000	—	≥ 18	—

饲料类别		饲料编码	水分①（自然含水）/%	粗纤维②（干物质）/%	粗蛋白质②（干物质）/%
青贮饲料	常规青贮饲料	3-03-0000	65～75	—	—
	半干青贮饲料	3-03-0000	45～55	—	—
	谷实青贮饲料	4-03-0000	28～35	< 18	< 20
块根、块茎、瓜果	含天然水分	2-04-0000	≥ 45	—	—
	脱水	4-04-0000	—	< 18	< 20
干草	第一类干草	1-05-0000	< 15	≥ 18	—
	第二类干草	4-05-0000	< 15	< 18	< 20
	第三类干草	5-05-0000	< 15	< 18	≥ 20
农副产品	第一类农副产品	1-06-0000	—	≥ 18	—
	第二类农副产品	4-06-0000	—	< 18	< 20
	第三类农副产品	5-06-0000	—	< 18	≥ 20
谷实		4-07-0000	—	< 18	< 20
糠麸	第一类糠麸	4-08-0000	—	< 18	< 20
	第二类糠麸	1-08-0000	—	≥ 18	—
豆类	第一类豆类	5-09-0000	—	< 18	≥ 20
	第二类豆类	4-09-0000	—	< 18	< 20
饼粕	第一类饼粕	5-10-0000	—	< 18	≥ 20
	第二类饼粕	1-10-0000	—	≥ 18	≥ 20
	第三类饼粕	4-08-0000	—	< 18	< 20
糟渣	第一类糟渣	1-11-0000	—	≥ 18	—
	第二类糟渣	4-11-0000	—	< 18	< 20
	第三类糟渣	5-11-0000	—	< 18	≥ 20
草籽、树实	第一类草籽、树实	1-12-0000	—	≥ 18	—
	第二类草籽、树实	4-12-0000	—	< 18	< 20
	第三类草籽、树实	5-12-0000	—	< 18	≥ 20
动物性饲料	第一类动物性饲料	5-13-0000	—	—	≥ 20
	第二类动物性饲料	4-13-0000	—	—	< 20
	第三类动物性饲料	6-13-0000	—	—	< 20
矿物质饲料		6-14-0000	—	—	—
维生素饲料		7-15-0000	—	—	—

饲料类别	饲料编码	水分① （自然含水）/%	粗纤维② （干物质）/%	粗蛋白质② （干物质）/%
饲料添加剂	8-16-0000	—	—	—
油脂类饲料及其他	4-17-0000	—	—	—

注：①以自然含水计。

②以干物质计。

例如，NY/T 1 级玉米的饲料编码是 4-07-0278，4 代表能量饲料，07 代表谷实类，0278 则是 NY/T 1 级玉米的个体编码。

二、饲料的营养物质组成

采用常规饲料分析法，并结合近代分析技术测定的结果，植物性饲料的营养物质组成如图 2-2 所示。

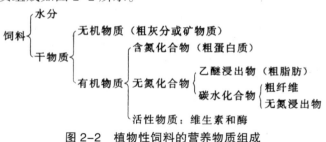

图 2-2　植物性饲料的营养物质组成

（一）水分

各种饲料均含有水分，其含量差异很大，最高可达 95% 以上，最低可低于 5%。水分含量越多的饲料，干物质含量越少，营养价值越低。

初水（游离水、自由水）：含于细胞间，与细胞结合不紧密，在室温下易挥发。

结合水：含于细胞内，与细胞内成分紧密结合，难以挥发。

总水：初水 + 结合水。

不同的分析方法得到不同的水分含量，饲料在 60 ～ 70℃烘干，失去初水，剩余物叫作风干物，这种饲料叫作风干（半干）饲料，这种状态叫作风干基础；在 100 ～ 105℃烘干，失去结合水，其干物质叫作全干（绝干）

物质,其状态叫作全干基础。

不同干物质基础的表示方法:新鲜基础(原样基础);绝干基础(全干基础);风干基础(半干基础,通常含水 $10\% \sim 15\%$)。

(二)粗灰分

饲料干物质充分燃烧后剩余的物质叫作粗灰分,粗灰分中99%以上的成分都是矿物质。在畜禽营养上比较重要的有:钙、磷、钠、钾、氯、镁、铜、铁、钴、碘、锌、硒等。植物性饲料中矿物质的含量与比例存在较大差异,茎叶中较多,籽实及块茎中含量较少。饲料的种类不同,矿物质的含量也不同。如豆科饲料含钙较多,禾本科饲料含钙少。

(三)粗蛋白质

粗蛋白质是常规饲料分析中用以估计饲料、动物组织或动物排泄物中一切含氮物质的指标,是饲料中一切含氮物质的总称。在数值上,粗蛋白质等于氮 ×6.25。事实上,不同蛋白质的含氮量不全是16%。它包括了真蛋白质和非蛋白质含氮物(NPN)两部分。

(四)粗脂肪

粗脂肪是饲料、动物组织、动物排泄物中脂溶性物质的总称。粗脂肪可分为真脂肪和类脂两大类。真脂肪由脂肪酸和甘油结合而成,类脂有游离脂肪酸、磷脂、脂溶性维生素等。常规饲料分析使用的乙醚浸提样品所得的乙醚浸出物。粗脂肪除含有真脂肪外,还含有其他溶于乙醚的有机物质,如叶绿素、胡萝卜素、有机酸、树脂、脂溶性维生素等物质,故称粗脂肪或乙醚浸出物。

(五)粗纤维

饲料中的纤维性物质,理论上包括全部纤维素、半纤维素和木质素,而概略分析中的粗纤维是在强制条件下(1.25%碱、1.25%酸、乙醇和高温处理)测出的,其中,部分半纤维素、纤维素和木质素被溶解,测出的粗纤维值低于实际纤维物质含量,同时增加了无氮浸出物的误差。后来提出了多种纤维素含量测定的改进方法,最有影响的是范氏(Van Soest)洗涤纤维(1976)分析法(图2-3)。

范氏洗涤纤维分析法的原理是:植物性饲料经中性洗涤剂煮沸处

理,不溶解的残渣为中性洗涤纤维,主要为细胞壁成分,其中包括半纤维素、纤维素、木质素和硅酸盐。中性洗涤纤维经酸性洗涤剂处理,剩余的残渣为酸性洗涤纤维,其中包括纤维素、木质素和硅酸盐。酸性洗涤纤维经 72% 硫酸处理后的残渣为木质素和硅酸盐,从酸性洗涤纤维值中减去 72% 硫酸处理后的残渣为饲料的纤维素含量。将 72% 硫酸处理后的残渣灰化,在灰化过程中逸出的部分为酸性洗涤木质素的含量。

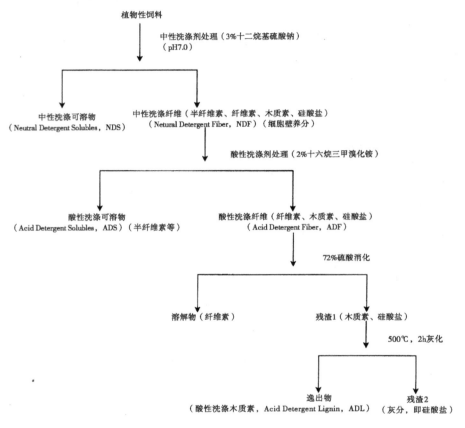

图 2-3　范氏(Van Soest)洗涤纤维分析方案

说明:NDF-ADF= 半纤维素;ADF- 残渣 1= 纤维素;残渣 1- 残渣 2= 木质素

粗饲料中粗纤维含量较高,粗纤维中的木质素对动物没有营养价值。反刍动物能较好地利用粗纤维中的纤维素和半纤维素,非反刍动物借助盲肠和大肠中微生物的发酵作用,也可以利用部分纤维素和半纤维素。

（六）无氮浸出物

测出饲料中以上 5 种养分后,通过计算得出无氮浸出物:

无氮浸出物(％)=100％ –（水分 + 粗灰分 + 粗蛋白质 + 粗脂肪 + 粗纤维）％

无氮浸出物主要包含易被动物利用的淀粉、双糖、单糖等碳水化合物。此外,还有水溶性维生素等物质。常用植物性饲料中无氮浸出物的含量一般在 50％以上,特别是植物籽实、块根,块茎中含量高达70% ～ 85%。植物籽实、块根、块茎中的无氮化合物是动物能量的主要来源。动物性饲料中无氮浸出物含量较少。

第三章　动物营养代谢过程识别

第一节　水与动物营养

水约占动物体重的70%,从幼龄到成年体内水分含量的变化范围为80%～50%。动物不同的器官和组织中含水量不同,血液含水量约为80%,肌肉含水量为72%～78%,脂肪含水量为10%以下。水是动物所必需的营养成分。动物在绝食期间,消耗体内全部脂肪、一半以上的蛋白质,失去40%的体重时仍能存活,但失去10%的水就会引起代谢紊乱,失水20%则会导致死亡。

一、水的营养生理功能与缺水的危害

（一）水的营养生理功能

1. 水是一种理想的溶剂

动物体内各种营养物质的消化吸收、运输与利用及代谢废物的排出,都必须溶于水后才能进行。

2. 水是化学反应的媒介

动物体内的化学反应是在水媒介中进行的,水不仅参加体内的水解反应,还参与氧化还原反应、有机化合物的合成和细胞呼吸过程。

3. 水对体温调节起重要作用

水的比热大,导热性好,蒸发热高。所以水能储备热能,并能迅速传导热能和蒸发散失热能,有利于恒温动物体温的调节。水的蒸发散热对具有汗腺的动物尤为重要。

4.水具有润滑作用

动物体关节囊内、体腔内和各器官间的组织液可减少器官间的摩擦力,起到润滑作用。泪液可防止眼球干燥,唾液可湿润饲料和咽部,便于吞咽。

5.水能维持组织、器官的形态

动物体内的水大部分与蛋白质结合形成胶体,直接参与构成活的细胞与组织,使组织器官具有一定的形态、硬度及弹性,以利于完成各自的机能。

（二）动物缺水的危害

短期缺水,可引起动物生产力下降。如幼年动物生长受阻,肥育畜禽增重缓慢,泌乳母畜产奶量减少,母鸡蛋重减轻、蛋壳变薄、产蛋量下降。

动物长期饮水不足,则会影响健康。动物缺水初期食欲明显减退,尿量减少;当水含量减少8%时,出现严重口渴感,拒绝采食,消化机能迟缓乃至完全丧失,机体免疫力和抗病力显著减弱。

严重缺水危及动物的健康和生命。各组织器官严重缺水,则血液浓缩,营养物质代谢发生障碍,体温升高,组织内积蓄有毒代谢产物而引起机体死亡。生产中,必须保证水的供给,尤其是在高温季节。

二、动物的需水量及对水质的要求

（一）动物的需水量

动物的需水量因动物种类、生产目的、日粮组成(蛋白质、矿物盐和粗纤维的含量)和气温等不同而有差异。动物的需水量(不包括代谢水)通常按其采食饲料干物质的量来计算(表3-1)。

表3-1　各种畜禽的需水量

种类	每千克饲料干物质的需水量 /kg		总需要量 /（kg·d⁻¹）	
	平均	范围	平均	范围
马	2.5	1.3～3.5	40	25～50
牛	5.0	3～7	60	45～90
猪	4.0	3～5	13	10～26

种类	每千克饲料干物质的需水量 /kg		总需要量 / (kg·d⁻¹)	
	平均	范围	平均	范围
绵羊	3.5	2～5	7	3～11
山羊	2.5	2～4	6	2～10
母鸡	2.2	1.5～4.0	0.2	0.15～0.26

（二）影响动物需水量的因素

影响动物需水量的因素大致可以总结为如下几种。

1. 动物种类

动物的种类不同,机体水分流失情况也明显不同。哺乳动物通过粪、尿或汗液流失的水分比禽类多,所以需水量相对较多。

2. 年龄

幼龄动物比成年动物需水量大。由于幼龄动物体内含水量大于成年动物,同时幼龄动物又处于生长发育时期,代谢旺盛,需水量多。幼龄动物每千克体重的需水量约比成年动物高 1 倍。

3. 生理状态

妊娠肉牛比空怀肉牛需水量高 50%；处于泌乳期的奶牛,每天需水量为体重的 1/7～1/6,而干乳期奶牛每天需水量仅为体重的 1/14～1/13；产蛋母鸡比休产母鸡需水量多 50%～70%。

4. 生产性能

生产性能是决定需水量的重要因素。高产奶牛、高产母鸡和重役马需水量比同类的低产动物多。例如,日泌乳 10 kg 的奶牛,日需水量为 45～50 kg,日泌乳 40 kg 的高产奶牛,日需水量高达 100～110 kg。

5. 饲料性质

饲喂含粗蛋白质、粗纤维及矿物质高的饲料时,需水量多,因为蛋白质的分解及终产物的排出、粗纤维的酵解及未消化残渣的排出、矿物质的吸收与排泄均需要较多的水。饲料中含有毒素,或动物处于疾病状态,需水量增加。饲喂青饲料时,需水量少。

大量证据还证明,饲粮中食盐类的增加、排水量的增加相应引起饮水量的增加。

6. 气温条件

气温对动物需水量的影响显著。气温高于30℃，动物需水量明显增加。气温低于10℃，需水量明显减少。气温在10℃以下，猪每采食1 kg饲料干物质需供水2.1 kg，气温升至30℃以上时，采食1 kg饲料干物质则需供水2.8～5.1 kg；乳牛在气温30℃以上时的需水量，较气温10℃以下增加75%以上；气温从10℃以下升高到30℃以上时，产蛋鸡的饮水量几乎增加2倍。

（三）对水质的要求

为了保护畜禽的健康，在建场时必须对水进行检查。水源品质的主要标志之一是水中溶解盐类的含量，其中阴离子有碳酸根、硫酸根、盐酸根等，阳离子有镁离子、钙离子、钠离子等。根据试验，水中盐分的含量在5 000 mg/L以内对各种家畜都比较安全，家禽耐受水中的含盐量上限为3 000 mg/L。

被污染的水中常含有一些有毒元素，如铅、汞等重金属，不仅会危害畜禽健康和降低其生产性能，而且还会通过产品影响人类的健康。美国NRC（美国国家研究委员会，US National Research Council）提出一些矿物质在水中安全水平的标准，如表3-2所示。

表3-2 畜禽饮水中可能中毒物的最高允许量

元素	最高允许量 / （mg/L）	元素	最高允许量 / （mg/L）
砷	0.2	汞	0.01
镉	0.05	镍	1.0
铬	1.0	硝酸盐 –N	100
钴	1.0	亚硝酸盐 –N	10
铜	0.5	钒	0.1
氟	2.0	锌	25.0
铅	0.1		

第二节 能量与动物营养

动物在维持生命与生产过程中，都需要能量，动物的营养需要或营养供给均可以能量为基础表示。

一、能量的来源

饲料能量主要来源于碳水化合物、脂肪和蛋白质等三大营养物质。动物采食饲料后,三大营养物质经消化吸收进入体内,在糖酵解、三羧酸循环和氧化磷酸化过程中释放出能量,最终以三磷酸腺苷（ATP）的形式满足机体需要。在动物体内,能量转换和物质代谢密不可分。动物只有通过降解三大营养物质才能获得能量,并且只有利用这些能量才能实现物质合成。

哺乳动物和禽类饲料能量的最主要来源是碳水化合物。因为在常用植物性饲料中碳水化合物含量最高,来源最广。脂肪的有效能值虽高,但在饲料中含量较少,不是主要的能量来源。蛋白质用作能源的利用效率比较低,并且蛋白质在动物体内不能完全氧化,氨基酸脱氨产生的氨过多,对动物机体有害,因而,蛋白质不宜作能源物质使用。

二、能量的转化

饲料中三大养分在动物体内的代谢过程伴随着能量的转化过程。饲料能量在动物体内的分配如图 3-1 所示。

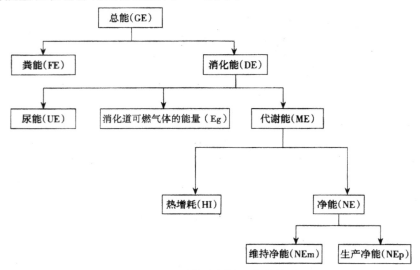

图 3-1　饲料能量在动物体内的分配

（一）总能

总能（Gross Energy,缩写为 GE）是饲料中三种有机物完全氧化燃烧所释放的全部能量。可由弹式量热计测定。饲料的总能取决于其碳水化合物、脂肪和蛋白质含量。三大养分能量的平均含量为：碳水化合物 17.5 kJ/g,蛋白质 23.64 kJ/g,脂肪 39.54 kJ/g。

（二）消化能

饲料中被动物消化吸收的养分所含的能量,即总能减去粪能,称为消化能（Digestible Energy,缩写为 DE）。粪中有机物所含的能量称为粪能（Energy in Feces,缩写为 FE）,即饲料被动物采食以后,其中一部分有机物（养分）未被动物消化吸收,而随粪便排出体外,这部分有机物（养分）所含的能量。消化能含量受饲料类型、动物种类、饲料或日粮加工方式、饲养水平等因素影响。饲料的消化能可以通过动物消化试验测定。

（三）代谢能

代谢能（Metabolizable Energy,缩写为 ME）是指饲料消化能减去尿能（Energy in Urine,缩写为 UE）及消化道可燃气体的能量（Energy in Gaseous Products of Digestion,缩写为 Eg）后剩余能量。尿能是尿中有机物所含的总能,主要来自于蛋白质的代谢产物。尿氮在哺乳动物中主要来源于尿素,禽类主要来源于尿酸。消化道气体能来自动物微生物发酵产生的气体,主要是甲烷。反刍动物消化道气体能含量可达饲料总能的 3%～10%,而非反刍动物大肠产生的气体较少,通常可以忽略不计。饲料的代谢能可以通过动物代谢试验测定。

（四）净能

净能（Net Energy,缩写为 NE）是饲料中用于动物维持生命和生产产品的能量,即饲料的代谢能扣去饲料在体内的热增耗（Heat Increment,缩写为 HI）后剩余的那部分能量。热增耗是动物食入饲料后伴随发生的体产热增加的现象。

净能分为维持净能（Net Energy for maintenance,缩写为 NEm）和生产净能（Net Energy for production,缩写为 NEp）两部分。维持净能是用于基础代谢、维持体温恒定和随意活动所消耗的能量。生产净能是用于形成各种动物产品或做功的能量。

三、动物的能量体系

虽然净能最能准确表明饲料能量价值和动物的能量需要,但考虑到数据来源的难易程度,一般在生产实践中,我国采用消化能作为猪的能量指标,以表示猪对能量的需要和猪饲料的能值。对于禽采用代谢能作为能量指标,对于反刍动物则采用净能作为能量指标。

第三节　碳水化合物与动物营养

碳水化合物广泛存在于植物性饲料中,在植物组织中一般占干物质的50%～75%,在一些谷物籽实中,其含量可高达80%。碳水化合物是在动物日粮中所占比重最大的一类营养物质,是动物生产中的主要能量来源。

一、碳水化合物的组成和分类

碳水化合物主要由碳、氢、氧三种元素组成,其中氢、氧原子的比为2∶1,与水分子的组成相同,故又称为碳水化合物。碳水化合物种类繁多,性质各异,如图 3-2 所示。

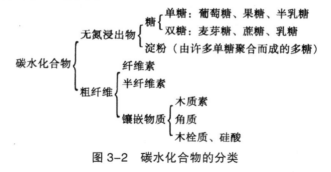

图 3-2　碳水化合物的分类

二、碳水化合物的营养生理功能

（一）供能贮能作用

碳水化合物中的葡萄糖是动物代谢活动最有效的来源,葡萄糖是大脑神经系统、肌肉组织等代谢活动的唯一能源。葡萄糖供给不足,小猪出现低血糖症,牛产生酮病,妊娠母羊产生妊娠毒血症,严重时会导致死亡。碳水化合物除了直接氧化供能外,也可以转变成糖原和(或)脂肪贮存。

（二）组织结构物质

碳水化合物参与动物体组织器官的构成,通过形成戊糖而参与细胞核酸的构成,通过形成黏多糖参与构成结缔组织,通过形成糖蛋白参与构成细胞膜,通过形成糖脂参与构成神经细胞。

（三）调整肠道微生态的作用

一些寡糖类碳水化合物刺激肠道有益微生物的增殖,阻断有害菌通过植物凝血素对肠黏膜细胞的黏附,激活机体免疫系统,改善肠道乃至整个机体的健康,促进生长,提高饲料利用率。

由于合成寡糖具有调整胃肠道微生物区系平衡的效应,将其称为化学益生素。

（四）纤维含量影响营养物质利用

大量平衡试验表明粗纤维影响动物对于蛋白质、矿物质、脂肪和淀粉等营养物质的利用。此外,食入过多则引起便秘,一般认为家禽日粮中粗纤维含量应为 5% ～ 7%;猪日粮中粗纤维含量应为 5% ～ 8%;反刍动物日粮中应至少含有 15% ～ 17% 的粗纤维。

三、碳水化合物的消化、吸收、代谢

猪、禽对碳水化合物的消化和吸收特点是以淀粉形成葡萄糖为主,以粗纤维形成挥发性脂肪酸为辅,主要消化部位在小肠;马、兔对粗纤维则有较强的利用能力,它们对碳水化合物的消化和吸收是以粗纤维形成挥发性脂肪酸为主,以淀粉形成葡萄糖为辅;反刍动物对碳水化合物的消化和吸收是以形成挥发性脂肪酸为主,形成葡萄糖为辅,消化的部位以瘤胃为主,小肠、盲肠、结肠为辅。

第四节　脂肪与动物营养

　　脂肪存在于动植物组织中,不溶于水,但溶于乙醚、苯、氯仿等有机溶剂。脂肪是动物营养中重要的一类营养素,常规饲料分析中将这类营养物质统称为粗脂肪。根据结构不同,粗脂肪可分为真脂肪与类脂肪两大类。

一、脂肪的化学组成

　　饲料和动物体中均含有脂肪。除少数复杂的脂肪外,脂肪均是由碳、氢、氧三种元素组成。根据其结构不同,通常把脂肪分为油脂和类脂两大类。由甘油和脂肪酸脱水缩合而成的脂肪称为油脂。由甘油、脂肪酸和其他含氮、磷化合物结合而成的脂肪被称为类脂。

　　脂肪酸是脂肪分子的重要组成部分,由于构成脂肪分子的脂肪酸不同,脂肪的理化性质也不同。根据脂肪酸所含氢原子的多寡,又分为饱和脂肪酸和不饱和脂肪酸。不饱和脂肪酸与氢结合转化为饱和脂肪酸的过程称为氢化。

二、脂肪的营养生理功能

(一)供能、贮能作用

　　脂肪是动物体内重要的能量物质,在体内氧化产生的能量为同质量碳水化合物的 2.25 倍。动物采食的脂肪除直接供能外,多余的转变成体脂沉积,是动物贮备能量的最佳方式。

(二)动物体组织的重要成分

　　动物体各种组织器官,如神经、肌肉、骨骼、皮肤及血液中均含有脂肪,各种组织的细胞膜和细胞原生质也是由蛋白质和脂肪按一定比例组成的,脑和外周神经组织都含有鞘磷脂。脂肪是组织细胞增殖、更新及修补的原料。

（三）脂溶性维生素的溶剂

脂溶性维生素 A、维生素 D、维生素 E、维生素 K,在动物体内必须溶于脂肪后才能被吸收和利用。若饲喂含脂肪不足的饲料,会导致脂溶性维生素代谢障碍,并引起相应的缺乏症。

（四）供给动物必需脂肪酸的作用

凡是在动物体内不能合成,或通过体内特定前体合成,但合成的量很少,必须由饲料供给的脂肪酸统称为必需脂肪酸。包括亚油酸、亚麻酸和花生四烯酸,其中亚油酸是动物最重要的必需脂肪酸,亚油酸缺乏会导致幼龄动物生长停滞甚至死亡。

三、饲料脂肪对动物产品品质的影响

（一）饲料脂肪对肉类脂肪的影响

1. 单胃动物

单胃动物将饲料中的脂肪消化吸收后,可将其直接转变为体脂肪,体脂肪内不饱和脂肪酸高于饱和脂肪酸。因此单胃动物体脂肪的脂肪酸组成受饲料脂肪性质的影响。

2. 反刍动物

由于反刍动物瘤胃微生物作用,可将饲料中不饱和脂肪酸氢化为饱和脂肪酸,因此反刍动物的体脂肪组成中饱和脂肪酸比例明显高于不饱和脂肪酸,说明反刍动物体脂肪品质受饲料脂肪性质的影响较小。

（二）饲料脂肪对乳脂肪品质的影响

饲料脂肪在一定程度上可直接进入乳腺,饲料脂肪的某些成分可不经变化地用以形成乳脂肪。因此,饲料脂肪性质与乳脂品质密切相关。

（三）饲料脂肪对蛋黄脂肪的影响

将近一半的蛋黄脂肪是在卵黄发育过程中,摄取经肝脏而来的血液脂肪而合成,这说明蛋黄脂肪的质和量受饲料影响较大。在饲料中添加油脂可促进蛋黄的形成,继而增加蛋重,并可产生富含亚油酸的"营养蛋"。

第五节 蛋白质与动物营养

蛋白质是一切生命活动的物质基础,它和核酸是构成一切细胞和组织结构的重要成分,在动物的生命活动过程中具有重要的作用。蛋白质不仅是动物体的组成成分,而且具有重要的生物学性质,在体内执行着各种各样的生物学功能,是动物生产过程中不可替代的营养物质。

一、蛋白质的营养生理功能

(一)构建机体组织细胞的主要原料

蛋白质是动物的肌肉、神经、结缔组织、腺体、精液、皮肤、血液、毛发、角、喙等的主要成分,起着传导、运输、支持、保护、连接、运动等多种功能。

(二)机体内功能物质的主要成分

在动物的生命和代谢活动中起催化作用的酶,某些起调节作用的激素,具有免疫和防御机能的抗体(免疫球蛋白)都是以蛋白质为主要成分。蛋白质对维持体内的渗透压和水分的正常分布也起着重要的作用。

(三)组织更新、修补的主要原料

在动物的新陈代谢过程中,组织和器官的蛋白质更新、损伤组织的修补都需要蛋白质。

(四)可供能和转化为糖、脂肪

在机体能量供应不足时,蛋白质也可分解供能,维持机体的代谢活动。当摄入蛋白质过多或氨基酸不平衡时,多余的部分也可转化成糖、脂肪或分解产热。

二、蛋白质供给不足与过量

（一）蛋白质供给不足的后果

饲料中蛋白质不足或蛋白质品质低下,影响动物的健康、生长、繁殖及生产性能,其主要表现如下所示。

1. 消化机能紊乱

日粮蛋白质缺乏会首先影响胃肠黏膜及其分泌消化液的腺体组织蛋白的更新,从而影响消化液的正常分泌,引起消化功能紊乱。此外,反刍动物瘤胃中微生物的正常发酵过程也需一定数量的蛋白质,如蛋白质缺乏则会导致微生物发酵作用减弱,瘤胃消化功能减退,所以当日粮缺乏蛋白质时,动物将会出现食欲下降,采食量减少,营养吸收不良及慢性腹泻等异常现象。

2. 动物生长发育受阻

如果日粮中缺乏蛋白质,幼龄动物就会出现蛋白质合成代谢障碍而使体蛋白质沉积减少甚至停滞,因而生长速度明显减缓,甚至停止生长。成年动物则会因组织器官尤其是肌肉和脏器的蛋白质合成和更新不足,而使体重大幅度减轻,并且这种损害很难恢复正常。

3. 易患贫血及其他疾病

动物缺少蛋白质,体内就不能形成足够的血红蛋白而患贫血,并因血液中免疫抗体数量减少,动物抗病力减弱,容易感染各种疾病。

4. 影响繁殖机能

日粮中若缺乏蛋白质,会影响控制和调节生殖机能的重要内分泌腺——脑垂体的作用,抑制其促性腺激素的分泌。其有害影响对于公畜表现为睾丸的精子生成作用异常,精子数量和品质降低;对于母畜则表现为影响正常的发情、排卵、受精和妊娠过程,导致难孕、流产、弱胎和死胎等。

5. 生产性能下降

蛋白质是各种畜禽产品如乳、肉、蛋和毛等的基本组分,故当日粮缺乏蛋白质时,将严重影响动物生产潜力的发挥,产品数量将骤然减少,品质也明显降低。

（二）蛋白质供给过量的危害

饲粮中蛋白质超过动物的需要，不仅造成浪费，而且多余的氨基酸在肝脏中脱氨，形成尿素由肾随尿排出体外，加重肝肾的负担，严重时引起肝肾疾患。

（三）影响饲料蛋白质利用率的因素

影响动物对蛋白质利用率的因素很多，但概括起来可分为两大类：动物本身的因素和饲料因素。

1. 动物本身的因素

不同种类动物其蛋白质代谢有差异。据测定，饲料粗蛋白质的平均生物学价值，乳牛为 75%，羊约为 60%，猪对蛋白质平均生物学价值低于反刍动物，一般在 60% 以下。不同年龄动物对饲料蛋白质利用率也不同，幼龄时高，随着年龄增长，蛋白质代谢逐渐减弱。

2. 饲料因素

当日粮中能量不足时，蛋白质将被作为能量利用，这是一种很大的浪费，饲料能量不足将对蛋白质的利用造成极大的影响。因此，现行饲养标准中都规定了能量蛋白比这一指标。

第六节　矿物质与动物营养

矿物质是动物营养中的一类无机营养物质，在机体生命活动过程中起着十分重要的调节作用，尽管占体重比例很小，且不供给能量、蛋白质和脂肪，但缺乏时动物生长或生产受阻，甚至死亡。

一、矿物质元素的营养生理功能

（一）构成动物体组织的重要成分

机体内 5/6 的矿物质元素存在于骨骼和牙齿中，钙、磷是骨骼和牙齿的主要成分，镁、氟、硅也参与骨骼、牙齿的构成。磷和硫还是组成体蛋白的重要成分。有些矿物质存在于毛、蹄、角、肌肉、体液及组织器官中。

（二）构成乳、蛋产品的成分

牛奶干物质中含有 5.8% 的矿物质。钙是蛋壳的主要成分,蛋白和蛋黄中也含有丰富的矿物质。

（三）维持体液渗透压恒定和酸碱平衡

少部分钙、磷、镁及大部分钠、钾、氯以电解质形式存在于体液和软组织中,维持体液渗透压恒定,调节酸碱平衡,从而维持组织细胞的正常生命活动。

（四）维持神经和肌肉正常功能所必需的物质

钾、钠、钙、镁与肌肉和神经的兴奋性有关,其中钾、钠能促进神经和肌肉的兴奋,而钙、镁能抑制神经和肌肉的兴奋。

（五）机体内多种酶的成分或激活剂

某些微量元素参与酶和一些生物活性物质的构成。如铁是细胞色素酶等的成分,氯是胃蛋白酶的激活剂。

二、日粮中矿物质的供给和矿物质元素的代谢

（一）日粮中矿物质的供给

现代动物生产中,天然饲料配制成的日粮不能满足需要的部分,一般都由矿物质饲料或微量元素添加剂来补足。畜禽日粮中通常需要添加的矿物质元素如下,猪、禽：钙、磷、钠、氯、铜、铁、锰、锌、碘、硒;反刍动物：钙、磷、钾、硫、镁、铜、铁、锰、锌、碘、硒、钴。

一般情况下,植物中以豆科牧草的含钙量较高,含骨的动物性饲料如鱼粉、肉骨粉等含钙量尤为丰富。谷实、根茎类饲料含钙贫乏。矿物质饲料经常用作动物特别是泌乳母牛和产蛋母鸡日粮的补充钙源,常用的有石粉、贝壳粉、骨粉和磷酸氢钙。

镁普遍存在于各种饲料中,尤其是糠麸、饼粕和青饲料含镁丰富。谷实、根茎类饲料含镁也较多。缺镁地区的反刍动物,可采用氧化镁、硫酸

镁或碳酸镁进行补饲。

动物性蛋白质饲料含硫丰富,如鱼粉、肉粉和血粉等硫含量可达 $0.35\% \sim 0.85\%$。动物日粮一般都能满足需要,不需要另行补饲,但在动物脱毛、换羽期间,为加速脱毛、换羽的进行,可补饲硫酸盐。

除鱼粉和肉粉外,大多数饲料钾含量丰富,钠和氯含量均贫乏,需要补加一定量的食盐。一般猪的补加食盐量为混合精料的 $0.25\% \sim 0.5\%$,鸡的补加量为 $0.35\% \sim 0.37\%$。

各种天然植物性饲料含铁甚多,特别是幼嫩青绿饲料。日粮中补铁的原料通常是硫酸亚铁、氯化亚铁、柠檬酸铁、酒石酸铁,而氧化铁和碳酸铁溶解度低,效果不好。一般奶牛饲料干物质中含铁量 $10 \sim 100$ mg/kg 即可满足其需要,仔猪、雏鸡饲料干物质中含铁量以 80 mg/kg 为合适。

饲料中铜分布广泛,尤其是豆科牧草、大豆饼、禾本科籽实及副产品含铜较为丰富。动物一般不易缺铜。缺铜地区可施用硫酸铜化肥或直接给动物补饲硫酸铜。

各种饲料均含微量的钴,一般都能满足动物的需要。缺钴地区可给动物补饲硫酸钴、碳酸钴和氯化钴。

若缺硒地区饲料和牧草的含硒量低于 0.05 mg/kg,必须补硒,一般用亚硒酸钠补充。

植物性饲料含锰较多,尤其糠麸类、青绿饲料含锰较丰富。生产中采用硫酸锰、氧化锰等补饲。

各种饲料均含有碘。一般沿海地区植物的含碘量高于内陆地区植物。海生植物含碘十分丰富,如某些海藻含碘量可高达 0.6%。缺碘动物常用碘化钾补充。

（二）矿物质元素的代谢

矿物质元素在体内以离子形式被吸收,主要吸收部位是小肠和大肠前段,反刍动物瘤胃可吸收一部分。动物消化吸收的矿物质元素经过血液运输到全身组织与器官。矿物质元素排出方式随动物种类和饲料组成而异,反刍动物通过粪排出钙、磷,而单胃动物通过尿排出钙、磷。动物生产如产奶、产蛋也是排泄矿物质元素主要途径。矿物质元素在动物体内的代谢保持着动态平衡,经动物产品和经消化道、肾脏、皮肤排出的量构成了动物对矿物质元素的需要量。

第七节　维生素与动物营养

维生素是一类动物代谢所必需而需要量极少的低分子有机化合物，是维持健康和生产性能不可缺少的有机物质。维生素不是构成动物组织器官的原料，也不是能源物质，但却是动物物质代谢过程的必需参加者，虽数量少，但作用大，而且相互间不可替代。

一、维生素的命名与分类

（一）维生素的命名

维生素有三种命名系统，一是按其被发现的先后顺序，以拉丁字母命名，如维生素 A、B、C、D、E、K 等；二是根据其化学结构特点命名，如视黄醇、硫胺素、维生素 B_2 等；三是根据其生理功能和治疗作用命名，如抗干眼病维生素、抗癞皮病维生素、抗坏血酸维生素等。有些维生素在最初被发现时认为是一种，后经证明是多种维生素混合存在，命名时便在其原拉丁字母下方标注 1、2、3 等数字加以区别，如维生素 B_1、B_2、B_6、B_{12} 等。

（二）维生素的分类

维生素种类很多，化学结构差异很大。习惯上根据维生素的溶解性可将其分为脂溶性维生素和水溶性维生素两大类。脂溶性维生素包括维生素 A、D、E、K 四种，水溶性维生素包括 B 族维生素和维生素 C 两类。B 族维生素又包括维生素 B_1、B_2、B_6、B_{12}，烟酸，泛酸，叶酸，生物素等（图 3-3）。

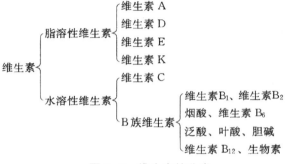

图 3-3　维生素的分类

二、维生素的营养生理功能

（一）调节营养物质的消化、吸收和代谢

维生素作为调节因子或酶的辅酶或辅基的成分，参与蛋白质、脂肪和碳水化合物三种有机物的代谢过程，促进其合成与分解，从而实现代谢调控作用。

（二）抗应激作用

诸多应激因素，如营养不良、疾病、冷热、接种疫苗、惊吓、运输、转群、换料、有害气体的侵袭、饲养管理不当、抗营养因子及高产等，致使动物生产性能下降，自身免疫机能降低，发病率上升，甚至大群死亡，可通过应用抗应激营养物质（如维生素）提高动物自身抗应激能力，减少生产水平的降低。

（三）激发和强化机体的免疫机能

几乎所有维生素都可提高动物的免疫机能，其中维生素 A、维生素 D、维生素 K、维生素 B_6 和维生素 B_{12} 及维生素 C 提高免疫功能最为明显。另外，添加高水平维生素具有一定的预防代谢疾病的作用，如快速生长肉鸡的腿病，可通过在日粮中加入高水平生物素、叶酸、烟酸和胆碱，部分得到纠正。

（四）提高动物繁殖性能

例如，提高种鸡日粮中维生素和微量元素的含量，不仅可以增加鸡蛋中相应营养素的含量，而且可以提高受精率、孵化率和健雏率。与动物繁殖性能有关的维生素有维生素 A、维生素 E、维生素 B_2、泛酸、烟酸、维生素 B_{12}、叶酸及生物素等，用于繁殖的动物对其需要量高于同等体重的商品动物。

（五）改善动物产品品质

向饲粮中添加维生素 E，可防止肉品中脂肪酸氧化酸败，阻止产生醛、酮及醇类等气味很差的物质，这些物质具有致癌、致畸等危害；向猪日粮中添加 200 mg/kg α–生育酚,可显著提高猪肉贮存稳定性,使熟猪肉的货架寿命延长 2 d,明显降低冻猪肉在 4℃条件下贮存后解冻时因渗水造成的损失。

向蛋鸡饲粮中添加维生素 A、维生素 D_3、维生素 C 有助于改善蛋壳强度和色泽。产蛋鸡饲粮中添加高水平维生素,生产"营养强化蛋"已被生产所采用。

（六）提高动物生产性能和养殖业的经济效益

超量添加维生素已成为获取动物高产的有效措施,研究证明超量添加维生素所增加的成本,远低于动物增产所增加的收入,因此,在饲料安全限额内超量添加维生素也是提高养殖业经济效益的有效措施之一。

三、维生素与动物体代谢的关系

动物的正常生理功能是通过正常的新陈代谢维持的,而动物新陈代谢过程中的无数化学变化,几乎全部在各种酶的催化下才能进行,也就是说,机体对代谢的调控作用是通过酶来实现的,如果没有酶则代谢不能进行,生物就会死亡。不仅如此,动物体只要缺乏一种酶或者一种酶的功能受到障碍,就会引起疾病,严重时甚至导致死亡。

从酶的组成上可知,酶包括两大类,一种为单纯蛋白质酶类,另一种为结合蛋白质酶类,前者本身就有催化活性,而后者的酶蛋白必须与特异的辅酶或辅基相结合,才具有催化活性,若酶蛋白或辅酶、辅基单独存在,则没有催化活性。维生素作为生物活性物质,其中多数构成代谢过程中酶的辅酶或辅基,并以此参与生物化学反应。维生素缺乏,即可影响有关酶的辅酶或辅基的生物合成,从而引起动物新陈代谢紊乱,出现维生素缺乏症,尤其是维生素 B 族的缺乏症。

因此维生素是动物体组织进行正常代谢必不可少的物质,它可以促进能量、蛋白质以及矿物质等养分的吸收利用,其功能不能被其他养分所代替,同时由于每一种维生素各有其特殊作用,故相互之间也不能取代。

第四章　营养物质间的相互关系与营养需要的研究方法

第一节　各种营养物质间的相互关系

一、能量和其他营养物质的关系

（一）能量与蛋白质、氨基酸的关系

能量和蛋白质是畜禽营养中的两大重要指标,供给畜禽以充足的碳水化合物与脂肪,以满足机体生命活动和生产活动所需的能量,可以减少或避免饲料蛋白质用作供能物质利用,提高蛋白质的沉积率。但如饲粮蛋白质水平过低或品质差(饲粮氨基酸消化率低或不平衡),又会造成碳水化合物的消化率降低,造成饲料能量的浪费,饲料效率和动物生产性能低下,同时也可能对畜禽健康不利,如母畜出现卵巢机能异常等情况。

很多试验证明,在一定范围内提高饲粮蛋白质水平,可以提高碳水化合物等的利用率,同时可以改善代谢能的利用率。而改善饲粮蛋白质品质则可降低体增热的产生,从而提高代谢能的利用率。但如过多供给家畜以蛋白质,以至超过动物对蛋白质的沉积能力,一方面提高了家畜对蛋白质的沉积能力,另一方面,也提高了体增热,反而使饲粮的代谢能利用率下降。

试验也证明,饲粮氨基酸平衡性对能量的利用有明显的影响。用缺乏赖氨酸的饲粮喂生长育肥猪时,每单位增重的能量消耗显著提高。相反,当氨基酸供给超过实际需要时,也会降低代谢能的利用率。

此外,各种动物都存在着不同程度的"为能而食"的现象,即动物在随意采食条件下,饲粮能量浓度会影响其采食量。家禽在饲喂高能饲粮

时,采食量会显著低于采食正常或较低能量水平的饲粮,如果这个高能饲粮属低蛋白或低必需氨基酸水平,虽然家禽食入有效能已能满足机体需要,但食入蛋白质或必需氨基酸却不能满足生长或生产的需要,从而导致生产力和饲料的利用效率的降低。因此,在畜禽饲养实践中必须注意使饲粮能量与蛋白质、能量与氨基酸保持合适的比例。

（二）能量与粗纤维的关系

饲粮中粗纤维含量高,影响有机物的消化率。如生长猪饲粮有机物消化率与粗纤维水平之间通常呈现负相关。每当粗纤维含量增加一个百分点,有机物消化率下降 $2\% \sim 8\%$,蛋白质消化率降低 0.3%。

（三）能量与脂肪的关系

脂肪作为能源物质的利用效率高于其他有机物,在猪、禽饲粮中用一定的脂肪代替碳水化合物供能,可增加动物的有效能摄入量,降低单位增重的代谢能需要,提高饲料和能量转化效率,加快其生长速度。

有试验证明,饲粮中每增加 1% 脂肪,动物代谢能随着采食量提高 $0.2\% \sim 0.6\%$,尤其有利于高温条件下提高动物生产性能。但当动物处于免疫应激状态时,脂肪作为能源不如碳水化合物好。

（四）能量与矿物质的关系

在矿物质中磷对能量的有效利用起着重要作用,因在机体代谢过程中释放的能量以高能磷酸键形式储存在 ATP 及磷酸肌酸中,需用时再释放出来。镁也是能量代谢所必需的矿物元素,因镁是焦磷酸酶、ATP 酶等的活化剂,并能促使 ATP 的高能键断裂而释放出能量。此外,还有多种微量元素(如锰)间接地与能量代谢有关。

（五）能量与维生素的关系

各种 B 族维生素都与能量代谢直接或间接有关,因为它们作为辅酶或辅基的组成成分参与动物体内三大有机物质的代谢。其中,维生素 B_1 与能量代谢的关系最为密切。维生素 B_1 不足,能量代谢效率明显下降;饲粮能量水平增加时,维生素 B_1 需要量提高。此外,烟酸、维生素 B_2、泛酸、叶酸等都与能量代谢有关。肉鸡和火鸡饲粮含能量越高,烟酸的需要量也越高。产蛋鸡每千克饲粮中添加 75 mg 烟酸,可使肝中脂肪浓度大大降低。

二、蛋白质、氨基酸与其他营养物质的关系

（一）蛋白质与氨基酸的关系

动物蛋白质营养的实质是氨基酸的营养。只有当合成组织蛋白质的各种氨基酸按所需的比例供给时，动物才能有效地合成蛋白质。动物体对各种氨基酸的数量有不同要求，因此，我们在考虑动物蛋白质数量供给的同时，还必须考虑其中各种氨基酸的供给，尤其是必需氨基酸的供给。也就是说，饲粮中必需氨基酸之间及必需氨基酸与非必需氨基酸之间的比例合适时，饲粮中的蛋白质才可得到较充分利用。比如赖氨酸不足的雏鸡日粮中补充蛋氨酸，对雏鸡生长仍无良好效果。

饲粮中粗蛋白质水平与必需氨基酸的含量是相互制约的。一方面，动物饲粮必需氨基酸的需要量取决于粗蛋白质水平。高能高蛋白饲粮，需要有较高且平衡的必需氨基酸水平以保证其蛋白质的有效利用。另一方面，饲粮粗蛋白质的需要量又决定于氨基酸的平衡状况。有研究表明，利用饲料可消化氨基酸数据，参照饲喂对象的理想蛋白模式配制饲粮，可降低饲粮蛋白质水平 2% ～ 4%。

（二）氨基酸之间的关系

构成饲料或饲粮蛋白质的氨基酸的种类和数量及它们之间的比例是决定蛋白质品质的主要因素。当它们被畜禽摄食后，在其消化吸收及代谢过程中，各种氨基酸之间存在着错综复杂的关系，包括协同、拮抗、转化与替代等。

1. 协同

进入动物组织中的氨基酸通过协同作用，构成体内的各种组织蛋白质。

2. 转化与替代

动物体内氨基酸的转化是氨基酸营养替代的基础。

某些必需氨基酸在动物体内可以转化为非必需氨基酸，而非必需氨基酸却不能转化为必需氨基酸。如体内蛋氨酸和苯丙氨酸可分别转化为半胱氨酸和酪氨酸，逆向则不行。也就是说，动物需要的半胱氨酸和酪氨

酸可以分别由饲料中的蛋氨酸和苯丙氨酸得到满足。但保证猪、禽半胱氨酸和酪氨酸的供应,实际上起到节约蛋氨酸和苯丙氨酸的作用。某些必需氨基酸还可以通过非必需氨基酸合成得到部分满足,如鸟氨酸和天冬氨酸是合成精氨酸的前体。

某些非必需氨基酸可以相互转化,因此,在营养上具有相互替代的作用。如甘氨酸与丝氨酸、谷氨酸与谷氨酰胺。

3. 拮抗作用

除了上述关系外,某些氨基酸之间在其营养代谢上还存在着拮抗作用。所谓氨基酸的拮抗,是指相似的氨基酸在其物质代谢过程中相互竞争,过量的氨基酸顶替了饲粮中不足的氨基酸在物质代谢过程中的位置或不足的氨基酸被吸引于过量氨基酸所特有的过程中,从而破坏了物质代谢的正常过程。

例如,精氨酸、胱氨酸、鸟氨酸与赖氨酸在其吸收过程中同属一个转运系统,彼此相互竞争,其中任意三种氨基酸过多都可以相互配合而阻碍第四种氨基酸的吸收。

又如,中性的蛋氨酸能阻碍碱性的赖氨酸的吸收,而碱性氨基酸对中性氨基酸的吸收则无阻碍作用。

再如,精氨酸与赖氨酸存在典型的拮抗关系。高赖氨酸饲粮引起雏鸡的生长势减弱,只有提高精氨酸的供给量才能消除。这是因为高赖氨酸饲粮提高了肾脏精氨酸酶的活性,增加了精氨酸的水解。另外,亮氨酸的过量可降低异亮氨酸和缬氨酸的吸收。

（三）蛋白质、氨基酸与维生素的关系

1. 蛋白质与维生素 A 的关系

饲料中维生素 A 被充分地吸收利用必须要有一定蛋白质水平作保证。如供给家畜饲粮蛋白质不足,会影响维生素 A 运载蛋白的形成,使其利用率下降。例如,某试验以粗蛋白质水平为 5% 的饲粮饲喂雏鸡,结果发现该雏鸡血清中维生素 A 的浓度显著降低。饲粮蛋白质的生物学价值也会影响维生素 A 的利用和储备。另一方面,动物体内蛋白质的有效合成又需要足够的维生素 A。用标记 S^{35} 的蛋氨酸对维生素 A 不足症的动物进行试验,结果发现 S^{35} 标记的蛋氨酸在各组织的沉积明显减少。

2. 维生素 D 与蛋白质合成

钙运载蛋白的合成需保证相应的维生素 D 的供应。在肠黏膜 DNA

分子中具有维生素 D_3 代谢物（1,25- 二羟胆钙化醇）的受体，1,25- 二羟胆钙化醇与相应受体的结合引起 DNA 的转录与 mRNA 的翻译，合成钙运载蛋白。另外，动物维生素 D 的需要量还与饲粮蛋白质品质有关。饲喂未经处理的大豆蛋白质时，雏鸡维生素 D 的需要量提高约 10 倍。

3. 维生素 B_2 与蛋白质代谢

维生素 B_2 作为黄素酶类的成分，在蛋白质代谢中催化氨基酸的转化。如果维生素 B_2 供应不足，则会使相应的黄素酶的活性降低，从而引起体内蛋白质沉积减少（表 4-1）。

表 4-1　不同维生素 B_2 水平对肉鸡氮沉积的影响

饲料中维生素 B_2 含量（mg/kg）	2.6	5.4	8.1
每日氮沉积指数（以 2.6 mg/kg 组为标准 100）	100	112	114

此外，饲粮蛋白质水平也影响维生素 B_2 的吸收利用或动物对维生素 B_2 的需要量。动物实验表明，喂低蛋白饲粮时动物对维生素 B_2 的需要量比喂高蛋白饲粮时约高出 1 倍。对不含蛋白质的饲粮中的维生素 B_2 家畜完全不能吸收利用。还有，日粮中赖氨酸不足，也引起尿中维生素 B_2 排出量提高。

4. 吡哆醇与氨基酸代谢

吡哆醇（一种维生素 B_6 的形式）参与氨基酸代谢中的氨基转移作用，从而影响氨基酸合成蛋白质的效率。吡哆醇不足会使蛋白质的合成效率下降。提高饲粮粗蛋白质水平，吡哆醇的供给也需相应增加，才能充分提高蛋白质沉积率。

5. 烟酸与色氨酸的关系

烟酸参与体内物质氧化过程（脱氢），而家畜对烟酸的需要量又受饲粮中色氨酸含量的影响，色氨酸含量高时家畜对烟酸的需要量降低。但色氨酸合成烟酸的过程又受吡哆醇的影响。

三、矿物质与维生素的关系

（一）矿物元素之间的关系

各种矿物元素之间的关系主要体现为协同和拮抗（图 4-1）。

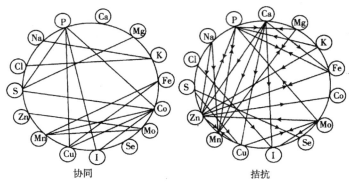

图 4-1　矿物元素之间的相互关系

1. 钙、磷、锰、铜、锌之间的关系

钙、磷、锰、铜协同作用，共同维持和影响动物的骨骼的生长发育与健康。锰能促进骨基质中硫酸软骨素的形成，铜能促进钙、磷在骨骼基质上的沉积。

钙、磷、锰、铜、锌还存在拮抗关系。高钙饲粮会抑制动物对磷、铜、锰、锌的吸收与利用。如高钙饲粮可能导致缺锰的溜腱症（鸡），或导致缺锌的不完全角化症（猪）。磷的过量也会影响钙的吸收利用。锰过量也可抑制钙的吸收，甚至导致动物钙、磷负平衡。

2. 铜、钼、硫、硒之间的关系

铜、钼、硫之间存在典型的拮抗关系。饲粮中钼、硫水平低时，动物对铜的吸收率提高；相反，高钼水平则能提高体内铜的尿中排出量。因此在临床上，可用静注钼酸铵来减轻或治疗动物铜中毒症。钼和硫在动物体内能结合成难溶的硫化钼，因此，硫含量过高会影响动物对钼的吸收。

硫与硒之间是拮抗的。试验证明，饲粮中补加硫酸盐可减轻动物硒酸盐中毒症，但对亚硒酸盐和硒的有机化合物中毒无效。

3. 钾、钙与镁的拮抗关系

动物如摄入过多的钾、钙可导致镁的吸收率降低，可能造成动物缺镁而出现低镁痉挛症。

4. 铁、铜、锌、镉、钴之间的关系

铁和铜的关系主要表现在它们的协同作用。铁的利用需要铜的参与；但没有铁，铜也不能发挥其应有的生理作用；而铜含量过高又可破坏铁的利用。

高锰饲粮可引起体内铁贮备下降。锌和镉可干扰铜的吸收，饲粮中锌、镉过多可降低动物血浆含铜量。饲粮高铜所引起的肝损伤，可通过加锌缓解，但高锌又会抑制铁代谢。镉是锌的拮抗物，可降低锌的吸收。铜和镉可缓解硒对鸡的毒性。由于钴能代替羧基肽酶中的全部锌和碱性磷酸酶中部分锌，因而在饲粮中补充钴能防止锌缺乏所造成的机体损害。

总之，动物的饲养实践中，在考虑主要养分的需要量外，还必须充分考虑饲料中各种营养物质之间的相互关系，配制营养平衡的日粮，以充分发挥有利于养分利用的作用和尽量克服不利于养分利用的各种制约因素的影响，达到提高饲料效率的目的。

（二）维生素之间的关系

1. 维生素 E 与维生素 A、维生素 D 的关系

维生素 E 能促进动物对维生素 A 和维生素 D 的吸收及维生素 A 在肝脏中的储存，保护维生素 A 免遭氧化损失，同时还能促进胡萝卜素转为维生素 A。但近年来有研究认为，对鸡而言，在维生素 E 和维生素 A 之间存在拮抗作用，即饲粮中高水平维生素 A 可降低血浆和体脂中维生素 E 的水平。

2. 维生素 B_1、维生素 B_2、维生素 B_6 与烟酸的关系

维生素 B_1 不足会影响机体对维生素 B_2 的利用，增加维生素 B_2 从尿中的排出量。维生素 B_2 与烟酸都是生物基质氧化过程中的辅酶成分，因此它们之间存在协同作用。动物体内可由色氨酸合成烟酸，但这一合成过程又需要维生素 B_1、维生素 B_2 和吡哆醇的参与。

3. 维生素 B_{12} 与泛酸、叶酸、胆碱等的关系

维生素 B_{12} 不足会提高非反刍动物对泛酸的需要，若泛酸不足又会加重维生素 B_{12} 不足的影响。维生素 B_{12} 与叶酸有协同关系，维生素 B_{12} 能促使叶酸转化为活性形式，共同参与体内甲基转移的过程。维生素 B_{12} 还能促进胆碱的合成。吡哆醇不足，会影响维生素 B_{12} 的吸收，并增高维生素 B_{12} 在粪中的排出量。

4. 维生素 C 与多种维生素的协同作用

维生素 C 能减轻多种维生素不足的危害，如维生素 E、维生素 A、维生素 B_1、维生素 B_2、维生素 B_{12} 等。

（三）维生素与矿物元素的关系

1. 维生素 D 与钙、磷的关系

维生素 D 能影响肠壁中钙的吸收。维生素 D 还能促使磷在肾小管的重吸收，减少磷从尿中排出。并能缓和钙、磷比例失衡引起的代谢障碍。

2. 维生素 E 与硒的关系

维生素 E 和硒对机体的代谢及抗氧化能力有其相似的作用。饲粮中有足够硒时，因能促进维生素 E 的吸收，可降低维生素 E 的需要量，但不能完全代替维生素 E。反之，维生素 E 也可减少硒的需要量，保证体内硒处于活性状态，防止硒由体内排出。

据研究，只有存在硒时，维生素 E 才能在组织内起作用。而硒在肝脏和其他组织中的含量也和维生素 E 代谢有关。

3. 烟酸与锰的关系

雏鸡饲粮如由玉米、豆饼组成，因其中含锰不足，烟酸不易被利用，易使鸡患溜腱症而造成生长停滞。治疗溜腱症可利用锰盐补饲。但其前提是饲粮中必须有足够的烟酸。如烟酸缺乏，即使向每千克饲粮中添加 50 mg 锰也不能完全治愈。

4. 维生素 C 与铁、铜的关系

维生素 C 能促进肠内铁的吸收，提高血铁含量。单纯补饲铁盐不如铁盐、维生素 C 同时补饲的效果好。当饲粮中铜过量时，补饲维生素 C 能消除过量铜所造成的不良影响。

第二节　动物营养需要的研究方法

动物营养需要的研究方法有综合法和析因法。

一、综合法

综合法常用的测定方法有饲养试验法、平衡试验法和比较屠宰试验法等。综合法是笼统地测定用于一个营养目标或多个营养目标的某种养分的总需要量，而不是剖析构成此需要量的各组成成分。

（一）饲养试验法

饲养试验法即将试验动物分为数组，在一定时期按一定的营养梯度，喂给一定量已知营养含量的饲料，观察其生理变化，如体重的增减、体尺的变化、泌乳量的高低等指标。

例如，有一批猪平均每天喂 2 kg 饲料，既不增重，也不减重，而另一组同样的猪，每天喂 3 kg 相同的饲料，可获得平均日增重 0.8 kg。则 2 kg 饲料中所含的能量和蛋白质是该动物维持需要的能量和蛋白质数量，其余 1 kg 所含的能量和蛋白质可视为增加 0.8 kg 体重所需要的养分。如果已知每千克饲料所含能量值，就可推断出维持一定生产水平的能量需要。

饲养试验法简单，需要的条件也不高，比较容易进行，但此法较粗糙，没有揭示动物机体代谢过程中的本质，因此，必须要有大量的统计材料才能说明问题。

（二）平衡试验法

平衡试验法根据动物对各种营养物质或能量的"食入"与"排出"之差进行计算。这种方法纵然不了解体内转化过程，却可知道机体内营养物质的收支情况，由此可测知营养物质的需要量和利用率。此法适用于能量、蛋白质和某些矿物质需要量的测定。根据平衡试验法所测数值是绝对沉积量，并非是动物的供给量。例如，对某家畜采用氮平衡试验，测定饲喂日粮、粪及尿中的含氮量。

现以不同体重的猪氮平衡情况为例，其计算方法如表 4-2 所示。

表 4-2　不同体重的猪氮平衡情况

体重/kg	日食入氮（①）/g	粪中氮（②）/g	消化氮（①-②=③）/g	尿中氮（④）/g	沉积氮（③-④=⑤）/g	消化氮的利用率（⑤÷③×100%=⑥）/%
24	22.7	3.7	19.0	7.5	11.5	60.5
36	33.4	5.2	28.2	12.0	16.2	57.4
52	42.7	6.9	35.8	16.6	19.2	53.6
73	51.2	8.5	42.7	22.4	20.3	47.5

（三）比较屠宰试验法

比较屠宰试验法是从一批试验动物中抽取具有代表性的样本,按一定要求进行屠宰并分析其化学成分,作为基样。其余动物按一定营养水平定量饲养一阶段,然后用同样的方法再进行屠宰测定,两次结果对比,得出在已知营养喂量条件下的体内增长量,以及该增长量所需的营养量,即增长所需。此法比较简单,且有相当的准确性,但投资比较大。

二、析因法

动物的代谢活动包括许多方面,其营养需要也是多方面的总和,可概括为

总营养需要量 = 维持营养需要量 + 生产营养需要量

即

$$R=aW^{0.75}+cX+dY+eZ$$

式中,R 为某一营养物质的总需要量;W 为自然体重,kg;$W^{0.75}$ 为代谢体重(自然体重的 0.75 次方称为代谢体重),kg;a 为常数,即每千克代谢体重对该营养物质的需要量;X、Y、Z 为不同产品(如胚胎、奶、蛋、毛)里该营养物质的数量;c、d、e 为利用系数。

析因法取得的营养需要量一般来说略低于综合法。在实际应用中,常由于某些干扰,各项参数不易掌握。

接下来应用析因法来分析一个具体案例,运用析因法估计产蛋鸡中蛋白质和氨基酸的需要量。

根据析因法,产蛋鸡中蛋白质和氨基酸的需要量由维持需要量、产蛋需要量、动物组织和羽毛生长需要量几部分组成。

（一）蛋白质的需要量

1. 维持蛋白质需要量

可根据成年产蛋家禽内源氮的日排泄量(包括正常的羽毛损失)估算,即

维持蛋白质需要量 [（克 / 只·日）]=6.25$KW^{0.75}/K_j$

式中,K 为单位代谢体重内源氮排泄量,g/kg;$W^{0.75}$ 为代谢体重,kg;K_j 为饲料粗蛋白质转化为动物体蛋白质的效率。

成年鸡每日内源氮的损失约为每千克代谢体重 0.201 g。在产蛋前期（21 ～ 41 周龄）,鸡的体重以 1.5 kg 计,每天总的内源氮的排泄量约为

$$0.201 \times 1.5^{0.75} = 0.272（g）$$

所以机体每天维持生命活动消耗的蛋白质为

$$0.272 \times 6.25 = 1.71（g）$$

产蛋鸡将饲料蛋白质转化为体内蛋白质的效率约为 0.55，所以在此期间，维持的蛋白质需要量为

$$1.71/0.55 = 3.1（g/d）$$

在产蛋后期（42 周龄后）为 3.4 g/d。

2. 产蛋的蛋白质需要量

可根据蛋中的蛋白质含量和产蛋率确定，即

$$产蛋的蛋白质需要量 [g/（只·d）] = \frac{W_e C_i K_m}{K_n}$$

公式中，W_e 为每枚蛋的重量，g；C_i 为蛋中蛋白质含量，%；K_m 为产蛋率；K_n 为饲料蛋白质在蛋中的沉积效率。

一枚 56 g 重的鸡蛋含蛋白质 6.5 g，饲粮蛋白质沉积为蛋中蛋白质的效率以 0.5 计，所以产一枚蛋的蛋白质需要量为

$$6.5/0.5 = 13.0（g）$$

以产蛋率 70% 计，每天产蛋的蛋白质需要量

$$13.0 \times 70\% = 9.1 [g/（只·d）]$$

3. 体组织和羽毛生长的蛋白质需要量

依据每天的蛋白质沉积量确定，即

$$体组织蛋白质沉积需要量 [g/（只·d）] = \frac{G \cdot C}{K_p}$$

公式中，G 为日增重，g/（只·d）；C 为体组织中蛋白质含量，%；K_p 为体组织蛋白质沉积效率。

在 21 周龄时，蛋鸡的体重约为 1.35 kg，到 36 周龄时，体重达到 1.8 kg，在这 105 d 中，体重增加量为 0.45 kg，平均日增重为 4.3 g。如果增重中含蛋白质 18%，则日沉积蛋白质约为 0.77 g，体增重沉积蛋白质的效率以 0.5 计，所以体增重的蛋白质日消耗量为 1.54 g。

4. 蛋白质的总需要量

蛋白质的总需要量 = 维持需要量 + 产蛋需要量 + 体沉积的需要量
由上可知，1 只 1.5 kg 的母鸡，产蛋率 70%，每日增重 4.3 g，所以产蛋前期蛋白质总需要量为

$$3.1 + 9.1 + 1.5 = 13.7（g/d）$$

（二）氨基酸的需要量

家禽对蛋白质的需要量,实际上是对各种必需氨基酸的需要量。产蛋家禽的必需氨基酸有蛋氨酸、赖氨酸、色氨酸、精氨酸、组氨酸、异亮氨酸、亮氨酸、苯丙氨酸、缬氨酸和苏氨酸,前三个一般为家禽常用饲料限制性氨基酸。

仍以维持、产蛋、体组织和羽毛生长氨基酸需要量为基础进行计算。产蛋氨基酸需要量根据蛋中氨基酸的含量和饲粮中氨基酸转化为蛋中氨基酸的效率计算。饲料氨基酸用于产蛋的效率一般为 0.55 ～ 0.88 左右,受年龄、产蛋量、饲粮组成及饲粮中必需氨基酸的含量等因素的影响。实际生产中常用 0.85 为系数。如全蛋中赖氨酸的含量为 7.9 g/kg,则每产 1 kg 蛋饲粮中赖氨酸的需要量为

$$7.9 \div 0.85 = 9.29 \text{（g）}$$

蛋氨酸、赖氨酸需要量的计算示例如表 4-3 所示。

表 4-3 产蛋鸡蛋氨酸、赖氨酸需要量

单位：mg/d（利用率除外）

	蛋氨酸	赖氨酸
维持需要量	31	128
组织沉积	14	58
羽毛沉积	2	6
蛋中沉积	229	483
合计	276	675
饲粮需要量(产蛋率 100%)	360	800
利用率 /%	76	84

第五章　动物的营养需要与饲养标准

第一节　动物维持与生长的营养需要

一、动物维持的营养需要

（一）维持营养需要的概念

维持营养需要是指动物不进行任何生产活动,只是维持正常的生命活动,包括维持体温的恒定,呼吸、循环、内分泌等系统的正常功能及基本的自由活动等情况之下,动物对各种营养物质种类和数量的最低要求。

（二）研究维持需要的意义

动物食入的养分,一部分用于维持生命活动和必要的自由活动(维持需要),一部分用于生产产品(生产需要)。动物生产中,维持需要属于无效损失,营养物质满足维持需要的生产利用率为零,只有生产需要才能产生经济效益。但维持需要又是必要的损耗,因为只有在满足维持需要的基础上,摄入的养分才能用于生产,虽不直接进行生产,却又是生产中必不可少的。因此,维持需要是动物的一种基本需要,是研究其他各种生产需要的前提和基础。

维持需要占总营养需要的比例很大。由于维持需要不产生经济效益,因此,必须合理平衡维持需要与生产需要的关系。现代动物生产中,饲料成本是影响生产效益的主要因素,平均占总生产成本的 $50\% \sim 80\%$。因此,必须尽可能地降低维持需要的饲料消耗,提高生产需要的比例,从而提高生产效率。表 5-1 表明,生产需要所占比例越大,则维持需要所占比例越小,生产效率就越高。生产实践中,培育优良品种,优化畜群结构,采取科学的饲养管理方法以提高动物的生产力，应视为节省维持需要的关键措施。

表 5-1　畜禽能量摄入与生产之间的关系

动物种类	体重 /kg	摄入代谢能 /（MJ·d^{-1}）	产品 /（MJ·d^{-1}）	维持需要代谢能 /（MJ·d^{-1}）	维持所占比例 /%	生产所占比例 /%
猪	200	19.65	0	19.65	100	0
猪	50	17.14	10.03	7.11	41	59
鸡	2	0.42	0	0.42	100	0
鸡	2	0.67	0.25	0.42	63	37
奶牛	500	33.02	0	33.02	100	0
奶牛	500	71.48	38.46	33.02	46	54
奶牛	500	109.93	76.91	33.02	30	70

（三）主要营养物质的维持需要

1. 能量需要

畜禽的能量维持需要，除了包括基础代谢能量消耗外，还包括非生产性随意活动及环境条件变化所引起的能量消耗。此外，还应充分考虑妊娠或高产状态下畜禽基础代谢加强所引起的营养消耗增加的部分。

2. 蛋白质需要

动物体内的蛋白质每时每刻都处于分解代谢和合成代谢的动态平衡中，在此状态下，动物必须从饲料中获得一定数量的蛋白质，才能补充机体蛋白质的消耗。

3. 矿物质需要

在维持状态下，动物体内的矿物质代谢非常活跃，十分复杂，动物体对矿物质的贮备能力和重复利用程度不同而影响矿物质的维持需要。如血红蛋白分解释放的铁，多数能被重复利用，胃液中的氯也可被重复吸收。但重复利用不是完全的。

4. 维生素需要

维生素在体内代谢过程中起着举足轻重的作用，虽然含量极少，但对保证动物维持需要非常重要。

二、动物生长的营养需要

（一）生长的概念和表示方法

生长在物理学上是动物体尺的增长和体重的增加；在生理学上是机体细胞的增殖和增大，组织器官的发育和功能的日趋完善；在生物化学上是机体化学成分（蛋白质、脂肪、矿物质和水分）的合成积累。生长的最佳体现是正常的生长速度和成年动物有功能健全的器官。日增重是绝对生长速度的表示方法，受年龄和起始体重的影响，呈慢—快—慢的趋势。相对于体重的增长倍数或百分比是相对生长速度的表示方法，从幼龄到成年以后，相对生长速度呈逐渐下降趋势直至停止。

（二）动物生长的一般规律及其应用

动物的体重变化规律是前期生长速度较快，随着年龄的增长，生长速度逐渐变缓。雄性动物体重增长速度一般高于雌性动物。动物体不同组织生长规律一般为：在生长早期骨骼生长占优势，表现为头大、腿长；生长中期肌肉组织生长变快，特别是胸部和臀部，体长也变长；生长后期脂肪沉积加快，腰部变粗，体重增加。因此，在幼畜生长早期要重点保证矿物质的供给；生长中期要注意蛋白质添加；生长后期要注意碳水化合物供应。

（三）影响生长需要的因素

动物品种和性别是影响生长需要的遗传方面的因素。如外来瘦肉型猪比地方型品种生长速度要快，所以前者需要的营养物质也比后者要多。动物年龄不同对营养物质的需要也不同，同一种动物，青年期的营养需要要高于幼龄阶段的需要。环境温度对动物生长需要的影响较大，过高过低都会提高机体的代谢强度，从而增加对营养物质的需要量。

第二节　动物繁殖的营养需要

一、繁殖与营养

动物的繁殖过程包括两性动物的性成熟、性欲与性机能的形成、精子与卵子形成受精卵过程、妊娠及雌性动物产前准备和哺养等许多环节,任何一个环节都可因营养问题而受到影响:很多繁殖障碍诸如性成熟期延迟、发情不正常、配种能力差、精液数量少、精子质量低、排卵少、受胎率低、流产、胚胎发育受阻等都可由营养问题而起。所以,提供适宜的营养条件,是保证和提高动物繁殖能力的基础。

二、种公畜的营养需要

(一)能量需要

如果后备期公畜能量供给不足,就会导致睾丸和附属性器官发育不正常,推迟性成熟,成年动物性器官机能降低和性欲减退,射精量少,精子活力差。因此,生产中在配种前的 30～40 d 就必须加强营养。但能量水平过高,会使公畜体况偏肥,性机能减弱,甚至丧失配种能力。在过度配种的情况下,即使给予高水平的营养,也不能阻止性机能的减退和精液品质的下降。

(二)蛋白质需要

日粮中缺乏蛋白质,会影响公畜精子的形成,致使射精量减少。但日粮中蛋白质过多,不利于精液品质的提高。合理的蛋白质水平应是在维持需要基础上增加 60%～100%。种公猪对蛋白质的需要实质上是对必需氨基酸的需要,尤其是赖氨酸对改进精液品质十分重要。

(三)矿物质需要

影响种公畜精液品质的矿物质元素有钙、磷、钠、氯、锌、锰、碘、铜、硒等。后备公猪饲粮含钙 0.90%,成年公猪饲粮含钙 0.75% 可满足繁殖需要。钙磷比要求 1.25∶1。种公牛饲粮含钙 0.4% 即可满足需要,钙磷比以 1.33∶1 为宜。种公猪饲粮中,硒、锰、锌含量应分别不少于 0.15 mg/kg、10.0 mg/kg 和 50.0 mg/kg。

（四）维生素需要

影响繁殖的维生素有维生素 A、维生素 C、维生素 D、维生素 E,必须注意供给。维生素 E 对动物生育至关重要。维生素 C 可以改善精液品质。

三、妊娠母畜的营养需要

（一）能量需要

妊娠母畜的能量需要分为维持需要、增重需要和胎儿生长发育需要。母畜在妊娠期间子宫和乳腺不断增长,本身体重也在增长,胎儿也在不断生长发育,所以妊娠母畜对能量的需要除满足维持需要外,还要满足本身增重、胎儿生长发育的需要。

1. 妊娠母猪

母猪妊娠后应饲喂优质平衡的全价日粮,以保证胎儿正常发育及提高初生重。我国饲养标准将母畜妊娠期分为前后两个阶段,由于后期胎儿生长速度快,后期能量需要高于前期,通常情况下,前期能量需要可在维持需要的基础上增加 20% 左右,后期每天再增加 5.86 MJ 消化能。对妊娠期母猪也不能喂量过大,否则会导致母猪乳腺组织发育受阻,影响产后泌乳,以及泌乳期采食量下降等问题。

2. 妊娠母牛

奶牛妊娠的能量需要的资料较少,早期研究表明,妊娠的能量需要只在妊娠的最后 4～8 周才明显增加。一般从妊娠的第 210 天开始考虑妊娠需要。妊娠的能量需要约为维持能量需要的 30%,具体数量按每千克代谢体重需要 100.42 kJ 产奶净能计算。我国奶牛饲养标准（1996）规定体重 550 kg 妊娠母牛,最后 4 个月（妊娠第 6、7、8、9 月）,每日需要的能量按产奶净能计分别为 44.56 MJ、47.49 MJ、52.93 MJ 和 61.30 MJ,妊娠第 6 个月如未干奶,还需加上产奶的需要,每千克标准乳需供给产奶净能 3.14 MJ。

3.妊娠母羊

体重 60 kg 的内蒙古细毛羊,在妊娠后期(妊娠第 90 ~ 150 天),在日增重 172 g 情况下,怀单羔时每日需要供给代谢能为 15.86 MJ,怀双羔时为 18.24 MJ。

(二)蛋白质需要

妊娠母畜对蛋白质的需要,受较大的"缓冲"调节能力和"孕期合成代谢"强度的影响,必须对妊娠母畜给予一定数量的蛋白质。因瘤胃微生物的作用,妊娠母牛对蛋白质的品质要求一般不高。

1.妊娠母猪

我国肉脂型猪饲养标准规定:妊娠母猪每千克饲粮粗蛋白质含量为前期 11.0%,后期 12.0%。饲粮赖氨酸、蛋氨酸、苏氨酸和异亮氨酸推荐量分别为:前期 0.35%、0.19%、0.28% 和 0.31%,后期 0.36%、0.19%、0.28% 和 0.31%。

2.妊娠母牛

妊娠母牛对蛋白质的需要,包括瘤胃降解蛋白质和非降解蛋白质两部分需要。这两部分蛋白质的供给不足,均会影响纤维的消化,甚至精料的消化,使母牛采食量降低,最终导致生产性能降低;若供给过量,就会造成蛋白质的浪费。目前,认为应尽量满足奶牛(实际是瘤胃微生物)对瘤胃降解蛋白质的需要,若供给足够的能量可降低对瘤胃降解蛋白质的需要量。

我国奶牛饲养标准(1986)尚未规定瘤胃降解蛋白质和非降解蛋白质的需要量,但提出了建议量。对粗蛋白质需要量做了规定,体重 550 kg 的妊娠母牛,在妊娠最后的第 6、7、8、9 月的饲粮中要求分别含 602 g、669 g、780 g 和 928 g 粗蛋白质。妊娠第 6 个月如未干奶还应加上产奶需要,每产 1 kg 含脂 4.0% 的标准奶需供给粗蛋白质 85 g。

3.妊娠母羊

体重 60 kg 的妊娠后期内蒙古细毛羊,怀单羔时每日需要的粗蛋白质为 172.6 g,怀双羔时为 203.2 g。

（三）矿物质需要

1. 钙和磷

妊娠母畜对钙、磷的需要量随胎儿增长而增加。我国饲养标准规定妊娠母猪对钙和总磷的需要量分别是 0.61％和 0.49％，NRC（1998）规定钙、总磷为 0.75％和 0.60％。我国奶牛饲养标准规定，对于体重 550 kg 的妊娠母牛，在妊娠最后的第 6、7、8、9 月的饲粮中钙、磷的数量分别是 39 g、27 g；43 g、29 g；49 g、31 g 和 51 g、34 g，钙磷比为 1.44：1 ～ 1.68：1。

2. 钠和氯

种猪对钠和氯的需要量尚未准确确定。研究表明：饲粮中 0.3％的氯化钠不能满足妊娠母猪的需要。妊娠母猪饲粮氯化钠从 0.5％降到 0.25％时，仔猪初生重和断奶重会下降。NRC（1998）推荐妊娠母猪氯化钠需要量为 0.4％。

3. 锰

母猪饲粮中含锰 0.5 mg/kg 可导致母猪发情异常，当增至 40 mg/kg 时，则可使发情恢复正常。缺锰的母山羊，发情不明显，即使受胎，其受胎率比正常羊低 35％～ 40％。妊娠动物的锰需要量（按风干饲粮计）为：母猪 8 ～ 10 mg/kg、母牛 16 mg/kg，母羊 20 mg/kg。

4. 碘

妊娠母牛饲喂碘化钾，可使受胎率提高 6.9％。缺碘地区给母猪补碘，可使受胎率提高 3.8％。妊娠动物的碘需要量（按风干饲粮计）为：母猪 0.14 mg/kg、母牛 0.4 ～ 0.8 mg/kg、母羊 0.1 ～ 0.7 mg/kg。

5. 锌

在配种和妊娠期给母羊补锌，产羔率可提高 14％。妊娠动物的锌需要量（按风干饲粮计）为：母猪 50.0 mg/kg、母牛 40.0 mg/kg、母绵羊 35 ～ 50 mg/kg。

6. 硒

在母羊饲粮中添加硒和铜，可提高产羔率和双羔率。妊娠母猪的硒需要量（按风干饲粮计）为 0.13 ～ 0.15 mg/kg，妊娠母牛硒需要量与之大致相同。

7. 铜

牛、羊缺铜可造成不发情或胚胎早期死亡。妊娠动物的铜需要量一般为 4 ~ 10 mg/kg。但最近研究表明：对母猪连续 6 个妊娠—哺乳期饲喂高铜（250 mg/kg），仔猪初生重可提高 8%，断奶重提高 5%。高铜对母猪繁殖成绩无明显不利影响，但可显著提高母猪肝铜和肾铜含量，同时造成环境污染。

8. 钴

缺钴会影响牛、羊繁殖性能，使受胎率显著下降。目前，尚无证据说明钴是猪的必需元素，但若在饲粮中补钴则可防止因缺锌所造成的机体损害。据测定，母牛和母羊饲粮中含钴量以 0.05 ~ 0.10 mg/kg 为宜。

9. 铬

在母畜饲粮中添加铬可通过提高胰岛素活性而改善动物的繁殖性能。研究表明：母猪连续 3 胎采食含铬（吡啶羧酸铬）200 μg/kg 的饲粮，窝产仔数提高 2 头，21 日龄成活数提高 1 头；对后备母猪连续饲喂 10 个月 200 μg/kg 的铬也能提高其繁殖成绩。

（四）维生素需要

1. 维生素 A 和胡萝卜素

妊娠动物维生素 A 的需要量，随着胎儿发育、胎儿肝脏贮存以及母体贮存的增加而增加。我国饲养标准规定：妊娠母猪每千克饲粮中维生素 A 含量为 3 200 ~ 3 300 IU 或 10.5 ~ 11.4 mg。NRC（1998）推荐：妊娠母猪每千克饲粮中维生素 A 含量为 4 000 IU。国外规定妊娠母羊每千克饲粮中维生素 A 含量为 5 000 ~ 8 000 IU。β－胡萝卜素具有很强的抗氧化作用，可以保护卵泡和子宫细胞。补充 β－胡萝卜素可以显著降低奶牛的乳房炎发生率，增强机体的免疫功能。研究表明，给妊娠母畜同时补充维生素 A 和 β－胡萝卜素可获得更好的繁殖成绩。

2. 维生素 D

妊娠母猪的维生素 D 需要量：我国肉脂型猪饲养标准为 160 IU，NRC 标准为 200 IU；妊娠母牛的维生素 D 需要量：我国奶牛饲养标准无此项指标，NRC 的规定为每日 19 051 IU。妊娠母羊的维生素 D 需要量为每日 300 ~ 900 IU。

3. 维生素 E

维生素 E 在机体抗氧化和提高免疫机能方面具有重要作用。一般母猪饲粮含维生素 E5 ～ 7 mg/kg 可防止维生素 E 缺乏症,维持正常的繁殖性能。但为了获取最大窝产仔数和免疫活性,妊娠母猪和泌乳母猪饲粮中维生素 E 应达 40 ～ 60 mg/kg, NRC(1998)已将妊娠和泌乳母猪日粮的维生素 E 需要量增加到 44 IU/kg(0.044 mg/kg)。

4. 叶酸

近年来,对母猪的叶酸营养研究报道较多。有试验研究表明:添加叶酸可提高胚胎成活率和增加产仔数。一般认为,从妊娠到妊娠 60 d 是添加叶酸的有效期,可增产约 1 头仔猪。经产母猪的效果更明显。但只有还原型叶酸才有这一效果。NRC(1979)将叶酸列入母猪营养需要表,NRC(1998)又将母猪的叶酸需要量增加到 1.3 mg/kg。

5. 其他维生素

对母猪饲粮中添加生物素的效果结论尚不一致。有资料报道:在妊娠母猪玉米豆粕饲粮中添加 434 ～ 880 mg/kg 胆碱,可增加窝产仔数和断奶仔猪数,改善母猪受胎率。母猪达到最佳繁殖性能时对泛酸、维生素 B_2、维生素 B_6 的需要量分别为 12.0 ～ 12.5 mg/kg、16 mg/kg、2.1 mg/kg。其他维生素的需要量尚未确定。反刍动物能在瘤胃内合成 B 族维生素,不需另外补充。

第三节　动物产奶的营养需要

一、乳的形成及成分

乳是在乳腺中形成的,血液中的养分是其原料,血液通过循环把营养物质带到乳腺用于合成乳。乳腺内的蛋白质、脂肪和乳糖大多是利用血液供应的养分由乳腺重新合成的;而维生素、无机盐、酶、激素等,则是由血液直接滤过到乳中,直接参与乳的组成。母畜分娩后最初几天内分泌的乳汁称为初乳,5 ～ 7 d 后变为常乳。初乳含有较多的免疫球蛋白,初生仔畜通过吃初乳可获得抗体,这对不能通过胎盘从母体获得抗体的牛、羊、猪和马等幼畜非常重要。初乳还含有较多的镁盐,有轻泻作用,利于幼畜胎粪的排出。故幼畜出生后要早吃多吃初乳。不同家畜乳中各成分的含量不相同,均含有大量的水分,其他成分含量为:干物质 10%～26%、蛋白质 1.8%～10.4%、脂肪 1.3%～12.6%、乳糖 1.8%～6.2%、灰分 0.4%～2.6%。乳富含各种维生素、钙、磷等。

二、泌乳的营养需要

（一）能量需要

1.维持能量需要

我国饲养标准规定,乳牛的维持需要(净能 kJ)按 $356W^{0.75}$ 计。

2.泌乳的能量需要

乳牛泌乳的能量需要主要取决于泌乳量和乳脂率,可以直接用测热器测定,也可按乳中营养成分或乳脂率来间接推算。泌乳后期和妊娠后期的能量需要计算为:妊娠第 6、7、8、9 月时,每天应在维持基础上增加 4.18 MJ、7.11 MJ、12.55 MJ 和 20.92 MJ 产奶净能。

（二）蛋白质需要

乳牛维持需要的可消化粗蛋白质为 $3.0W^{0.75}$（g）或粗蛋白质 $4.6W^{0.75}$（g）时,平均每千克标准乳需粗蛋白质 85 g 或可消化粗蛋白质 55 g。在维持需要的基础上可消化粗蛋白质的给量,在妊娠第 6、7、8、9 月时分别为 77 g、145 g、255 g、403 g。

（三）矿物质需要

乳牛维持需要的钙、磷分别为每 100 kg 体重 6 g、4.5 g;每千克标准乳的钙、磷需要分别为 4.5 g、3 g;食盐的维持需要为每 100 kg 体重 3 g,产奶需要为每产 1 kg 标准乳需 1.2 g。

（四）维生素需要

奶牛瘤胃内微生物可以合成 B 族维生素、维生素 C 和维生素 K,体内不能合成维生素 A、维生素 D 和维生素 E。因此,奶牛的维生素需要主要是维生素 A、维生素 D 和维生素 E 三种。

山羊、绵羊和猪能将几乎全部胡萝卜素转化成维生素 A,因此,乳中胡萝卜素含量少。牛转化胡萝卜素的能力很弱,所以牛奶中胡萝卜素含量较多。对于牛,1 mg β–胡萝卜素相当于 400 IU 维生素 A,繁殖和泌乳牛每 100 kg 体重需要 7 600 IU 维生素 A 或 19 mg β–胡萝卜素,而添加胡萝卜素无此效果。

成年母牛每千克饲粮含维生素 D 1 000 IU、维生素 E 15 IU 可满足需要。

第四节　动物产蛋的营养需要

一、蛋的成分

产蛋量和蛋的成分影响家禽营养物质的需要。禽蛋的结构可分为蛋壳、蛋白和蛋黄三部分。一枚 58 g 的鸡蛋,蛋壳占 12.3%,蛋白占 55.8%,蛋黄占 31.9%,含能量 400 kJ、蛋白质 12.8 g、脂肪 11.8 g、碳水化合物 1.0 g。蛋的特点是蛋黄中的干物质含量和能量最高;蛋白中水分、蛋白质和氨基酸含量高;几乎所有的脂类、大部分的维生素和微量元素都存在于蛋黄中;绝大部分钙、磷和镁存在于蛋壳中。

二、产蛋的营养需要

（一）能量需要

产蛋禽的能量需要主要包括维持需要和产蛋需要,维持需要取决于体重和环境温度,产蛋能量需要与产蛋水平有关。

（二）蛋白质需要

产蛋禽的蛋白质需要量取决于产蛋量和体重。

产蛋禽对蛋白质不仅有量的需要,而且有质的要求。蛋鸡对氨基酸的需要,通常是指 10 种必需氨基酸。其中蛋氨酸常为第一限制性氨基酸。

（三）矿物质需要

蛋鸡需要多种矿物元素,钙、磷、钠的需要量很大。其中,钙的需要量为 3.5%～4%;有效磷需要量为 0.3%～0.4%;钙磷比为 5～6∶1;食盐的需要量为 0.37%。

（四）维生素需要

在正常情况下,标准中规定的维生素需要量可用添加剂形式如数给足甚至显著提高,而自然饲料中原有的各种维生素则作为安全余量来对待。

第五节　动物产毛的营养需要

绵羊是主要的产毛家畜。毛的产量及品质主要受毛的遗传特性影响,但营养物质的供给、饲养条件及环境因素也会对产毛有一定影响。

一、毛的成分

毛是纤维蛋白,羊毛主要成分是角蛋白,含有少量的脂肪和矿物质。角蛋白中硫元素和胱氨酸含量较高。胱氨酸对羊毛的产量、弹性和强度等纺织性能有重要影响。

二、产毛的营养需要

（一）能量需要

产毛的能量需要与羊毛自身所含的能量有关,据测定每克净干毛含能量 22.18 ～ 24.27 kJ,代谢能用于产毛效率大约为 3.9%,则每克羊毛需代谢能 568.72 ～ 622.31 kJ。绵羊用于产毛的能量需要与维持需要相比数量比较小,例如:体重 50 kg、年产毛 4 kg 的美利奴绵羊,每天基础代谢为 5 024 kJ,沉积于羊毛中的能量为 230.12 kJ,占基础代谢的 4.58%。大量研究表明:能量的水平对羊毛的数量和质量有显著影响,能量水平提高,产毛量增加,毛的直径增大;如果能量水平降低,则产毛量下降,毛的直径减小。因此注意对绵羊能量的供给要充足。

（二）蛋白质需要

产毛的蛋白质需要和毛中所含蛋白质有关。羊毛内的蛋白质主要是角蛋白,角蛋白中胱氨酸含量比较高,因此产毛动物对胱氨酸需要量比较大。在动物体内胱氨酸也可由蛋氨酸转化而来,胱氨酸和蛋氨酸都是含硫氨基酸。合成羊毛所需的全部氨基酸中,限制羊毛生长的通常是含硫氨基酸,因此在供给蛋白质的同时,要注意含硫氨基酸的供给。

（三）矿物质需要

影响羊毛生长的矿物质有碘、钴、铜、锌、硫等。碘能刺激羊毛生长,一般缺碘地区每千克饲料干物质中需补碘 $0.1 \sim 0.2$ mg。钴是绵羊瘤胃中的微生物合成维生素 B_{12} 的原料,钴不足影响维生素 B_{12} 的合成,从而影响蛋白质的代谢,使羊毛生长受阻,羊每天每只需钴 1 mg 左右。铜影响羊毛的弯曲度和颜色,产毛羊体内缺铜,则羊毛弯曲度减少,失去弹性,有色毛褪色或变色,羊毛产量降低,一般铜需要量为每千克饲料中 $5 \sim 10$ mg。锌可维持羊毛正常生长,缺锌可引起脱毛,羊毛易断,羊毛的弯曲度减少。一般成年绵羊的锌需要量为每千克饲料 30 mg。硫主要存在于含硫氨基酸中,因此饲料中含硫氨基酸能满足需要时,不需要补充硫;如果饲料中添加了非蛋白质而代替饲料蛋白质时,就需要补充硫,绵羊硫与氮的比例以 $1:10 \sim 1:13$ 为宜。

（四）维生素需要

要注意为绵羊供给维生素 A、维生素 B_2、生物素、泛酸、烟酸。一般瘤胃微生物可以合成烟酸、维生素 B_2、生物素、泛酸,所以绵羊不会缺乏这些维生素,但需注意维生素 A 的补充。

第六节　动物使役的营养需要

使役动物主要有马、黄牛、水牛、骆驼、驴、牦牛等,使役方式主要是拉、驮等。本节以马为例讨论动物使役的营养需要。

一、动物使役做功的能源

使役动物在劳役过程中,以骨骼为支架,通过肌肉的收缩而做功。肌肉收缩所需的能量来源于肌肉中储存的三磷酸腺苷（ATP）。

由图 5-1 可知,使役动物做功的最终能源是糖原、葡萄糖等含能物质。

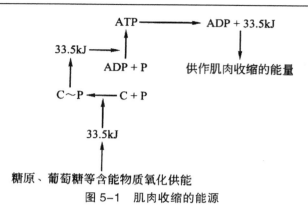

图 5-1 肌肉收缩的能源

二、Cori 循环与肌肉剧烈活动易疲劳的原因分析

（一）Cori 循环

Cori 循环如图 5-2 所示。肌肉剧烈运动,经糖酵解途径产生大量的乳酸,乳酸迅速穿过质膜经血液运送至肝脏,在肝脏氧化为丙酮酸,经糖异生途径变成葡萄糖,再进入血液运送到肌肉中,这一过程称为 Cori 循环。Cori 循环时,每分子葡萄糖在肌肉中酵解产生 2 分子 ATP,而两分子乳酸在肝脏中异生为糖需消耗 4 分子 ATP 和 2 分子 GTP,所以是以花费能量为代价来换取肌肉中能量的产生,这对于动物在生存竞争中捕食和逃避敌害是非常有意义的。

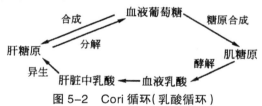

图 5-2 Cori 循环(乳酸循环)

（二）肌肉剧烈活动易疲劳的原因分析

肌肉活动的能源物质是糖原。糖原释能过程如下：

糖原→磷酸葡萄糖→ 3-P- 甘油醛→丙酮酸　→乙酰辅酶 A → CO_2+H_2O+ 能量
　　　　　　　　　　　　　　　　　　　　→乳酸→肝→肝糖原

当氧充足时,丙酮酸→乙酰辅酶 A 为主要途径；当氧不足时,丙酮酸→乳酸为主要途径。

肌肉剧烈活动时,氧供不应求,于是氧不足,丙酮酸→乙酰辅酶 A 渐为次要途径;丙酮酸→乳酸为主要途径,从而乳酸在肌肉中大量积聚。

另一方面,肌肉剧烈活动压迫血管,阻止氧的输入和乳酸运入肝脏合成肝糖原,阻碍了肌肉中乳酸的消除。因此,肌肉中乳酸就更大量地积聚。乳酸为酸性物质,大量的乳酸使肌肉有酸感,称为肌肉疲劳。

三、使役的营养需要

（一）能量需要

动物使役的能量需要与维持需要、工作需要有关。成年马的能量维持需要为每千克代谢体重 600 kJ 消化能。工作需要与工作量有关,役用动物工作量的衡量公式表示如下:

$$1 \text{ kg} \times 1 \text{ m} = 1 \text{（kg·m）}$$

即役用动物的工作量的衡量是用挽力乘挽曳距离,单位为 kg·m。挽力大小用挽力计进行测定。马的挽力约为体重的 15%。马每做功 1 000 kg·m 需消耗净能 9.81 kJ 或消化能 21.13 kJ。如果一头体重 500 kg 的马,每日工作量为 1×10^6 kg·m,则该马每日需消化能为

$$600 \times 500^{0.75} + \frac{1 \times 10^6}{1\,000} \times 21.13 = 84\,572 \text{（kJ）}$$

（二）蛋白质需要

马每天蛋白质的维持需要为每千克代谢体重 3 g 可消化粗蛋白,或每千克消化能需要可消化蛋白质 4.6 g。一般情况下,使役动物蛋白质的需要不会因工作量的增加而增加,使役只会增加能量的需要,也会改变能量与蛋白质的比例,所以随着工作量的增加,要注意改变日粮的能量浓度与蛋白质的比例。

（三）矿物质需要

矿物质对动物使役很重要,如马在使役时,肌肉活动增强,对磷和钾的消耗增加;同时由于肌肉收缩,产生乳酸和磷酸也需要钠离子来平衡;而且马在使役时,排汗增加,会排出大量的矿物质,因此要注意补充矿物质。资料证明:成年马对钙、磷每天的需要量为每 100 kg 体重 4.5 g 和 3.0 g,即钙磷比为 1.5∶1,对食盐的需要量为每天 50g;镁的需要量为

每天每 100 kg 体重 1.4 g；钾占日粮的 0.6%；碘为饲料的 0.01%；铜为每千克饲料 5～8 mg；硒为每千克饲料 0.5mg。

（四）维生素需要

成年马对维生素 A 的维持需要为每千克饲料 1 600 IU。维生素 D 为每千克体重 6.6 IU。维生素 K 和 B 族维生素可由马的大肠微生物合成，但在重役时，马可能会缺乏维生素 B_1、维生素 B_2、泛酸，一般按每千克饲料补给维生素 B_1 3 mg、维生素 B_2 2.2 mg、泛酸 2 mg。

第七节　动物的饲养标准

一、饲养标准的概念、分类及组成

（一）饲养标准的概念

根据不同种类的畜禽为了维持生命活动和从事各种生产目的，如产肉、产蛋、产乳、产毛、做功以及繁殖后代等对能量和各种营养物质需要量的测定，并结合各国饲料条件及当地环境因素，制定出各类畜禽对能量、蛋白质、必需氨基酸、维生素、矿物质和微量元素等的供给量或需要量标准，称为畜禽的饲养标准。常以每日每头各种营养物质的需要量或每千克饲粮中各种营养物质的含量来表示。

（二）饲养标准的分类

饲养标准的种类大致可分为如下两类。

1. 国家标准

国家标准是指国家规定和颁布的饲养标准，例如，1986 年国家农牧渔业部批准并颁布的《中华人民共和国饲养标准》；美国国家研究所委员会制定的《NRC 饲养标准》；英国农业研究委员会家畜营养技术委员会制定的《ARC 饲养标准》；日本农林水产技术委员会饲养标准研究会制定的《日本饲养标准》等。

2. 专用标准

专用标准是指大型育种公司根据自己培育出的优良品种或品系的特点,制定的符合该品种或品系营养需要的饲养标准,例如,美国国际禽场有限公司培育出艾维茵肉鸡,该公司制定了艾维茵肉鸡饲养标准。

饲养标准的制定是经过大量的科学试验总结出来的,它高度概括和总结了营养研究和生产实践的最新进展,具有很强的科学性和广泛的指导性,只要按饲养标准饲喂动物就会取得良好的效果,它是设计饲料配方的指南和科学依据。

(三)饲养标准的组成

饲养标准一般可分为 6 个组成部分,即序言、研究综述、营养定额、饲料营养价值、典型饲粮配方和参考文献。

1. 序言

主要说明制定和修订"标准"的意义和必要性,"标准"所涉及的内容,"标准"利用研究资料的情况。修订"标准"还要说明本次修订的主要变化和与前一版显著不同的地方。

2. 研究综述

详细总结到目前为止有关研究资料,一般是按营养物质划分子专题进行详细和深入的总结。综述是体现"标准"制定或修订的科学性和先进性的基本依据,也是制定营养定额的基础。

3. 营养定额

营养定额是"标准"营养指标数量化的具体体现,是应用"标准"时的主要参考部分。营养定额一般是以表格的形式列出每一个营养指标的具体数值,以方便查找和参考。

4. 饲料营养价值

以表格形式列出常用饲料的常规营养成分,部分或全部列出维生素、矿物元素含量。不同"标准"还不同程度地列出蛋白质、氨基酸、磷等营养成分的可消化或可利用程度方面的资料。饲料营养价值表与"标准"配套使用。

5. 典型饲粮配方

典型饲料配方主要供应用"标准"规定的营养定额进行饲粮配合时参考。典型饲粮配方的指导,可以启发应用者设计符合"标准"要求的实际饲粮配方。

6.参考文献

详细列出制定或修订"标准"所涉及的可靠资料来源及与营养定额数值有关的文献,以便查阅。

二、饲养标准的指标和表达方式

干物质或风干物质:干物质或风干物质的采食量(Dry Matter Intake, DMI)是一个综合性指标,用千克(kg)表示。一般 DMI 占动物体重的 3%～5%。动物年龄越小,生产性能越高,DMI 占其体重的百分比就越高。

能量:猪、羊等常用消化能,禽类用代谢能,奶牛用产奶净能,肉牛用产肉净能表示。能量单位常用每千克饲粮含多少千焦(kJ)或千卡(kcal)、兆焦(MJ)或兆卡(Mcal)表示。

蛋白质:饲养标准中的蛋白质需要量指标,猪、禽用粗蛋白质,牛用粗蛋白质或可消化粗蛋白质表示 ,常用百分数表示。在家畜中,也可用每日每头需要的粗蛋白质、可消化粗蛋白质或小肠可消化粗蛋白质的质量(g)来表示。

能量蛋白比:能量蛋白比是每千克饲粮所含的能量与粗蛋白质的比值,常以 kJ/kg 表示。

氨基酸:氨基酸以占日粮组成的百分数或每日每头需要的质量(g)来表示。

矿物元素:常量元素主要考虑钙、磷、钠、钾、氯等元素,微量元素主要考虑铁、铜、锌、锰、硒、碘等。常量元素和微量元素常用每千克饲粮含多少毫克或用每日每头需要的质量(mg)来表示。

维生素:维生素 A、维生素 D、维生素 E 常以每千克饲粮中含多少国际单位(IU)或每日每头需要多少国际单位表示;维生素 B_{12} 常以每千克饲粮中含多少微克(μg)或每日每头需要多少微克表示;胆碱常以每千克饲粮中含多少克(g)或每日每头需要多少克表示;其他 B 族维生素常以每千克饲粮中含多少毫克或每日每头需要的质量(mg)表示。

亚油酸:亚油酸常以占饲粮组成的百分数或每日每头需要的质量(g)来表示。

三、饲养标准的作用

饲养标准的科学性和先进性,确保了动物快速生长、发育、繁殖、泌乳等的需要,提高了动物的生产效率;合理地利用了当地饲料资源,提高饲料资源利用效率;推动了养殖业的快速发展;提高了科学养殖水平。

对我国动物生产参考价值较大的是美国的 NRC 标准,该标准对我国的动物生产和饲料工业的发展具有重大指导作用。我国动物的饲养标准从"无"到"有",从只有少数营养指标到多项营养指标,参照外国的饲养标准,结合我国饲料、品种、养殖技术的发展,我国动物的饲养标准经多次修订,越来越完善、科学。

四、饲养标准的应用

饲养标准具有广泛的、普遍的指导性,但在生产实践中影响动物营养需要的因素很多,例如:动物的个体差异、饲料及其营养素含量和可利用性变化、饲料加工储藏中的营养损失、环境因素、疾病因素等都影响动物的营养需要,因此饲养标准并不能保证饲养者能合理饲养好所有动物。在制定饲养标准过程中,对实际生产中影响动物营养需要的因素不可能都加以考虑。对这些在饲养标准中未考虑的影响因素只能结合具体情况,按饲养标准规定的原则灵活应用。可见饲养标准规定的数值并不是任何情况下都固定不变,它随着饲养标准制定条件以外的因素变化。因此在根据饲养标准设计饲料配方时,对饲养标准要正确理解,灵活应用,应根据实际生产水平、饲养条件,对饲养标准中的营养定额酌情进行适当调整。

第六章 多种动物共患病及防治

第一节 口蹄疫

口蹄疫是由口蹄疫病毒引起的主要危害偶蹄兽的一种急性、热性、高度接触性传染病。临床上主要以口腔黏膜、蹄部及乳房皮肤发生水疱和溃烂为特征。

一、病原特点

口蹄疫病原为口蹄疫病毒，具有多型性和易变异性的特点。根据其血清学特性，分为7个血清主型，即A、O、C、SAT1（南非1型）、SAT2（南非2型）、SAT3（南非3型）及Asia Ⅰ型（亚洲Ⅰ型）和100多个血清亚型。各型之间抗原性不同，彼此不能交叉免疫，同型的各亚型之间交叉免疫程度变化较大，亚型内各毒株之间也有明显的抗原差异。因此，在接种口蹄疫疫苗时，必须用与当地流行病毒同一血清型的疫苗。

口蹄疫病毒对外界环境的抵抗力较强，耐干燥。在自然情况下，含毒组织和被污染的饲料、饲草、皮毛及土壤等可保持传染性达数周甚至数月。但高温和直射阳光（紫外线）对病毒有杀灭作用。病毒对酸和碱非常敏感，常用2%～4%氢氧化钠、0.2%～0.5%过氧乙酸、10%的石灰乳、20%漂白粉、1%～2%甲醛溶液等消毒剂消毒，碘酊、酒精、石炭酸、来苏儿、新洁尔灭对口蹄疫病毒作用不大。

二、流行病学

（一）传染源

病畜和带毒动物是口蹄疫的主要传染源。从流行病学的观点来看，绵羊是本病的"贮存器",猪是"扩大器",牛是"指示器"。隐性带毒者主要为牛、羊及野生偶蹄动物。

（二）传播途径

当患病动物和健康动物在一个厩舍或牧群相处时,病毒常借助于直接接触方式传播。也可通过呼吸道、消化道及损伤的皮肤和黏膜感染。如果环境气候适宜,病毒可随风远距离传播。

（三）易感动物

可感染的动物多达30多种,自然感染主要发生于偶蹄兽。其中黄牛、奶牛最易感,其次是牦牛、水牛和猪,再次是绵羊和山羊。犊牛和仔猪不但易感而且死亡率也高。人对本病也具有易感性。

（四）流行特点

一般冬、春季较易发生大流行,夏季减缓或平息。卫生条件和营养状况也能影响流行的经过,畜群的免疫状态则对流行的情况有着决定性的影响。据大量资料统计和观察,口蹄疫的暴发流行有周期性的特点,每隔二年或三五年就流行一次。

三、临床症状

（一）猪

猪的口蹄疫潜伏期为 1 ～ 2 d,病猪以蹄部水疱为主要特征,病初体温升高至 40 ～ 41℃,精神不振,食欲减退或不食,蹄冠、趾间、蹄踵出现发红、微热、敏感等症状,不久形成黄豆大、蚕豆大的水疱,水疱破裂后形成出血性烂斑,1 周左右恢复。若有细菌感染,则局部化脓坏死,可引起蹄壳脱落,患肢不能着地,病猪常卧地不起。在部分病猪的口腔黏膜(包括舌、唇、齿龈、咽、腭)、鼻盘和哺乳母猪的乳头处,也可见到水疱和烂斑。吃奶仔猪患口蹄疫时,通常很少见到其水疱和烂斑,通常呈急性胃肠炎和心肌炎突然死亡,病死率可达50%。

（二）牛

潜伏期 2 ～ 4 d，最长可达 1 周左右。病牛表现为体温升高到 40 ～ 41℃，精神委顿，食欲减退，流涎，开口时有吸吮声。1 ～ 2 d 后，在唇内面、齿龈、舌面和颊部黏膜发生水疱，此时流涎增多，含有白色泡沫，呈丝缕状挂满嘴边。水疱经一昼夜破裂，形成浅表的边缘整齐的红色烂斑。病牛采食和反刍停止。水疱破裂后，体温降至常温。在口腔发生水疱的同时或稍后，蹄冠、蹄叉、蹄踵部皮肤表现出热、肿、痛，继而发生水疱，并很快破溃后形成烂斑，病牛跛行。如不继发感染则逐渐愈合，全身症状好转。整个病程一般为 1 周左右。如蹄部继发细菌感染，局部化脓坏死，则病程延长至 2 ～ 3 周。死亡率很低，一般在 1% ～ 3%。严重者可使蹄匣脱落。病牛的鼻部和乳头皮肤有时也可出现水疱、烂斑。怀孕母牛经常流产。哺乳犊牛患病时，水疱症状不明显，常呈急性胃肠炎和心肌炎症状而突然死亡（称恶性口蹄疫，病死率高达 20% ～ 50%）。

（三）羊

绵羊常成群发病，多数呈一过性，症状轻微，有时不易被察觉。仔细检查时可见唇和颊部有米粒大小的水疱。山羊患病也较轻微，症状和绵羊相同，偶尔也可见到严重病例。奶山羊口蹄疫常出现典型口蹄疫症状。

四、病理变化

除患病动物口腔和蹄部的水疱和烂斑外，在其咽喉、气管、支气管和患病的反刍动物前胃黏膜上可见圆形烂斑和溃疡，真胃和肠黏膜有出血性炎症。心包膜有弥散性或点状出血，心肌松软，心内外膜、心肌切面有灰白色或淡黄色斑点或条纹，好似老虎皮毛上的斑纹，俗称"虎斑心"。

五、诊断

根据病的急性经过，呈流行性传播，主要侵害偶蹄兽，一般为良性转归以及特征性的临诊症状可做出初步诊断。为了与类似疾病鉴别及鉴定毒型，须进行实验室检查。

六、防治

（一）预防

应采取以免疫预防为主的综合性防疫措施。

（1）预防口蹄疫的传入，严禁从疫区引入易感动物及其产品。

（2）严格实行卫生检疫制度，在交通要道设置动物检疫站，对来往载畜及畜产品车辆消毒、管理，严禁疫区易感动物进入。

（3）对动物进行预防接种，可有效预防口蹄疫的发生。第 1 次接种后间隔 15 d，各年龄段猪群加强免疫 1 次。在受威胁区周围建立免疫带，以防疫情扩散。

（4）定期使用安多福万金水进行带畜环境消毒和饮水净化消毒，可以有效预防口蹄疫的发生。

（5）疫情已经扩散时，则采用严格封锁疫区、疫点，扑杀病畜及同群可疑感染牲畜的方法达到预防的目的。

（二）治疗

一般不治疗，直接淘汰。在一些特殊情况下，需要治疗，可以选择以下方法。

（1）患部清洗涂药：口腔可用清水、食醋或 0.1%高锰酸钾洗漱，糜烂面上可涂以 1%～2%明矾或碘甘油，也可用冰硼散。

（2）特异疗法：早期可使用口蹄疫高免血清。

（3）如有继发感染可肌肉或静脉注射抗生素，如青霉素、链霉素、头孢菌素等。

（4）加强饲养管理。

（5）恶性口蹄疫病畜除局部治疗外，可用强心补液法。

第二节　狂犬病

狂犬病俗称"疯狗病""恐水症"，是由狂犬病病毒引起的一种人兽共患急性、接触性传染病。以中枢神经高度兴奋而致狂暴和意识障碍，最后全身麻痹而死亡为特征。

一、病原特点

病原为狂犬病病毒。该病毒可在中枢神经组织和唾液腺细胞的细胞质内形成特异性的包涵体,称为内基氏小体。

狂犬病病毒可被各种理化因素灭活,不耐湿热,56℃时 15～30 min 或 100℃时 2 min 均可使之灭活。但在冷冻或冻干状态下可长期保存狂犬病病毒。在 50%甘油缓冲溶液保存的感染脑组织中该病毒至少存活 1 个月,在 4℃以下低温可保存数月之久。

二、流行病学

(一)传染源

狂犬病的传染源主要是患病犬,其次是猫。

(二)传播途径

狂犬病主要通过被患病动物咬伤、抓伤、舔舐而感染。

(三)易感动物

多种动物和人对本病均易感,尤其是犬科野生动物更易感。在自然界中,犬科和猫科中的很多动物常成为狂犬病的自然保毒者。此外,吸血的蝙蝠以及某些食虫和食果的蝙蝠也可成为该病毒的自然贮存宿主。

(四)流行特点

本病散发,无季节性,四季均可发生,病的发生具有明显的连锁性,致死率高达 100%。

三、临床症状

狂犬病的潜伏期一般为 2～8 周,最短的 8 d,长的可达数月或 1 年以上,甚至更长。

（一）犬

犬的狂犬病潜伏期长短不一，最短 8 d，长的可达数月或 1 年以上。典型病例分为 3 期。

1. 前驱期

病犬精神沉郁，喜藏暗处，举动反常，不听呼唤。瞳孔散大，反射机能亢进，稍有刺激便极易兴奋。喜食碎石、泥土、木片等异物，不久发生吞咽障碍，唾液增多，后躯软弱。咬伤处发痒，常以舌舐局部。此期一般为 1～2 d。

2. 狂暴期

病犬狂暴不安，攻击人畜或咬伤自身。有的犬无目的奔走，多数不归。由于咽喉麻痹，吠声嘶哑。此外，下颌下垂，吞咽困难，唾液增多。狂暴的发作往往与沉郁交替出现。病犬疲劳卧地不动，但不久又站起，表现一种特殊的斜视，见水表现出惶恐，神志紧张。狂暴期一般为 3～4 d。

3. 麻痹期

病犬消瘦，精神高度沉郁，咽喉肌麻痹后，下颌肌、舌肌、眼肌也发生不全麻痹，病犬张口、垂舌、斜视，从口中流出带泡沫唾液。不久，后躯麻痹，行走摇摆，尾巴垂于两腿之间，倒卧在地。最后因全身衰竭和呼吸麻痹而死亡。麻痹期一般为 1～2 d。

（二）猪

潜伏期时间的差异比较大，从 1 个月到数月甚至数年不等。但是，伤口离中枢神经越近，则潜伏期时间越短，最短的只有 10 d。发病的猪喜欢独自躺卧于暗处，表现有异食癖，有的皮肤发痒，常在猪舍内的墙壁上摩擦，有的病猪体温升高。按本病的症状，可分为两种：狂暴型和麻痹型。

1. 狂暴型

病猪高度兴奋，表现狂暴，横冲直撞，大量流涎，伴有阵发性肌肉痉挛，并常攻击人、畜。随着病势发展，病猪陷于意识障碍，反射紊乱，出现狂咬行为，病猪显著消瘦，终因麻痹而死亡。

2. 麻痹型

缺乏兴奋性和应激性增高的症状。病猪精神委顿，流涎明显，颤抖，步态僵硬，不久四肢及后躯麻痹，卧地不起，最后因呼吸中枢麻痹或衰竭而死。病程 3～5 d，有时 7 d。

（三）牛

潜伏期为 4～8 周,长者可达数月或 1 年以上。病牛表现为狂暴型和麻痹型两种。

1. 狂暴型

病牛病初坐卧不安,面态凶恶,将头高扬,卷起上唇,用脚扒地。眼光凝视,磨牙。口腔内流出大量黏性唾液,常呈丝状挂在口边。食欲不振,反刍停止,瘤胃反复胀气,便秘或拉稀,泌乳突然停止。阵发性兴奋发作,不断发出嘶哑鸣叫,以角攻击人、畜、墙壁和饲槽等,间有短暂停歇。每隔 20 min 左右又出现兴奋期,这样周而复始,并逐渐出现麻痹症状,最后衰竭而死。一般病程为 3～6 d。

2. 麻痹型

病牛病初无兴奋状态,精神沉郁,呆立,流涎,吞咽困难,拒食。呼吸困难,瘤胃臌气、便秘。有时无目的地走动,后肢软弱,快步行走或抬头过高时易扑倒,并发出哀鸣声。随病程延长,病牛卧地不起。以胸部着地,将头息于肩部,膈肌和其他肌肉群发生痉挛性收缩,呻吟,体痒。经一周左右因衰竭、体温突然下降而死亡。

（四）羊

症状与牛相似,但兴奋期较短或不明显。表现出起卧不安,性欲亢进,并有攻击其他动物的现象。常舔咬伤口,使之经久不愈,末期发生麻痹。

四、病理变化

常见病体消瘦,体表有伤痕。口腔和咽喉黏膜充血、出血和糜烂。胃内空虚或有石块、泥土等异物,胃黏膜充血、出血和糜烂。脑软膜充血和出血。典型的病理组织学变化为非化脓性脑炎,在大脑海马角或小脑皮层的神经细胞细胞质内可见内基氏小体。

五、诊断

根据临床症状和病理变化,结合咬伤病史,可做出初步诊断。确诊必须采取患病动物的大脑海马角或小脑检查,以实验室检查结果为依据。

六、防治

狂犬病是人畜共患的传染病,病犬对人的威胁很大。因此,必须加强对犬的检疫,防止引进带毒犬。建立并实施有效的疫情监测体系,及时发现并扑杀病犬。对犬、猫等动物进行狂犬病疫苗的强制性免疫。国内使用的狂犬病疫苗有狂犬病弱毒苗、灭活苗和与其他疫苗联合制成的多联苗。

人或动物如被病犬咬伤,首先应使伤口大量流血,带出一部分病毒,然后用20%肥皂水或0.1%新洁尔灭反复冲洗伤口,再用清水充分洗涤,涂搽2%～5%碘酊。

对有感染可能的动物,应采用疫苗或抗狂犬病血清进行紧急预防接种。

第三节　流行性感冒

流行性感冒(简称流感)是由流行性感冒病毒(简称流感病毒)引起的急性、热性、高度接触性呼吸道传染病。流感在人和哺乳动物中,以发热和伴有急性呼吸道症状为特征;在禽类又称为真性鸡瘟或欧洲鸡瘟,临诊表现有多种类型,有的呈无症状的隐性感染,有的呈致死率较低的呼吸道感染,有的则呈致死率很高的急性出血性感染。

一、病原特点

流感的病原为流感病毒,分为 A、B、C 三型。B、C 型自然条件下仅感染人,A 型可自然感染猪、马、禽类和人。A 型流感病毒有囊膜,囊膜上有两种纤突,一种是血凝素(HA),有 16 个亚类(H1～H16);另一种是神经氨酸酶(NA),有 10 个亚类(N1～N10)。HA 和 NA 之间的不同组成,使 A 型流感病毒有许多亚型,各亚型之间无交互免疫力。

猪流感常由 H1N1、H3N2 和 H1N2 亚型引起;马流感仅由 H7N7 和 H3N8 引起;禽流感可由所有 HA 和 NA 不同组合的亚型引起,其中大多数对禽的致病性低,只有 H5 和 H7 中的少数亚型曾引发高致病性的禽流感;人的流感主要由 H1N1、H2N2 和 H3N2 引起。

流感病毒对干燥和低温的抵抗力强,在 -70℃冻干条件下可保存数年。以 60℃ 20 min 处理可使病毒灭活。一般消毒剂对病毒均有作用,对碘蒸气和碘溶液特别敏感。

二、流行病学

(一)传染源

患病动物和带毒者是流感的主要传染源。带毒鸟类和水禽常常是鸡和火鸡流感的重要传染源。病毒在这些野禽中多形成无症状的隐性感染,而野禽就成为禽流感病毒的天然贮毒库。

(二)传播途径

病毒主要存在于呼吸道黏膜,当患病动物打喷嚏、咳嗽时,随呼吸道分泌物排出,以空气飞沫传播至易感动物。在禽类,病毒可从呼吸道、结膜和粪便中排出,因此,禽类的传播方式,除空气飞沫外,还可能与接触被病毒污染的物体有关。

(三)易感动物

可自然感染猪、马、禽类和人,貂、海豹、鲸等动物也可感染。

(四)流行特点

本病多发生于天气骤变的晚秋、早春以及寒冷的冬季。常突然发生,呈流行性或大流行性。外界环境的改变、营养不良和寄生虫侵袭可促进本病的发生和流行。

三、临床症状和病理变化

(一)猪

本病潜伏期为 1 ～ 3 d,通常在第一头病猪出现后的 24 h,猪群中多数猪同时出现症状,表现为发热(40.5 ～ 41.7℃)、厌食、倦怠、衰竭等;有的猪还出现呼吸急促和腹式呼吸等呼吸困难的表现,流鼻涕,眼结膜潮红。

本病病程较短,如无并发症,多数可于 5 ~ 7 d 后康复。如有继发感染,则病势加重,发生纤维素性出血性肺炎或肠炎;个别可转为慢性,持续咳嗽,消化不良,瘦弱,可拖延一月以上,引起死亡。

除了临诊明显的疾病外,经常发生亚临诊感染,具有母源免疫力的仔猪感染后多不表现症状。

病变主要在呼吸器官,鼻、喉、气管和支气管黏膜充血,表面有大量泡沫状黏液,有时混有血液。肺部病变轻重不一,有的只在边缘部分有轻度炎症,严重时,病变部呈紫红色。

（二）牛

潜伏期为 2 ~ 7 d。常突然发病,体温升高达到 41 ~ 42℃,持续 2 ~ 3 d。病牛表现为精神委顿,鼻镜干而热,反刍停止,乳产量急剧下降。全身肌肉和四肢关节疼痛,步态僵硬、不稳,呆立,跛行,故又名"僵直病"。高热时,病牛呼吸促迫,伸颈,张口,眼结膜充血,流泪,流鼻涕,流涎,口边黏有泡沫。病牛尿量减少。孕牛患病时可发生流产。

病程一般为 2 ~ 5 d,大部分牛能自愈,死亡率低,康复牛可获得免疫力。

剖检可见呼吸道黏膜充血、肿胀和点状出血。有不同程度的肺间质性气肿,部分病例可见肺充血及水肿,肺体积增大。全身淋巴结充血、出血、肿胀。

四、诊断

根据流行特点、典型临床症状表现和特征病理变化可做出初步诊断。确诊应以棉拭子采集喉头、气管或泄殖腔样品进行实验室诊断。

临床上猪流感应与猪肺疫、猪支原体肺炎做区别诊断。鸡流感应与鸡新城疫、禽霍乱、鸡传染性喉气管炎、禽减蛋下降综合征等做区别诊断。雏鸭流感应与雏鸭病毒性肝炎、鸭传染性浆膜炎做区别诊断。雏鹅流感应与小鹅瘟相区别。

五、防治

（一）预防

加强平时饲养管理,提高动物的抗病能力,切实做好兽医卫生管理工作,建立严格的消毒制度。保持圈舍的清洁卫生、干燥、温暖、通风良好,尤其是气候交替季节,要做好圈舍的保温工作,避免舍内温度忽冷忽热而诱发本病。

制定科学的免疫程序,定期进行免疫接种。由于禽流感病毒的高度变异性,所以一般限制弱毒疫苗的使用。灭活疫苗有组织灭活疫苗、灭活的蜂蜡佐剂疫苗、灭活氢氧化铝疫苗、灭活油乳剂疫苗等,其中以灭活油乳剂疫苗应用较多。

（二）治疗

患病动物要及时隔离治疗。本病尚无特效药物。一般用解热、镇痛等对症疗法以减轻症状和使用抗生素或磺胺类药物以控制继发感染。也可使用中药治疗,如荆防败毒散等。

第四节　流行性乙型脑炎

流行性乙型脑炎又称为日本乙型脑炎,是由流行性乙型脑炎病毒引起的人兽共患的一种自然疫源性传染病。

一、病原特点

该病病原为流行性乙型脑炎病毒。病毒在感染动物血液内存留时间很短,主要存在于中枢神经系统及肿胀的睾丸内。

流行性乙型脑炎病毒对外界环境的抵抗力不强,在 $-20\,℃$ 可保存 1 年,但毒力降低,在 50% 甘油生理盐水中于 $4\,℃$ 可存活 6 个月。病毒在 pH 7 以下或 pH 10 以上环境中,活性迅速下降,常用消毒药都有良好的灭活作用。

二、流行病学

（一）传染源

多种动物和人感染后都可成为本病的传染源。

（二）传播途径

主要通过带毒的蚊子叮咬而传播。病毒能在蚊子体内繁殖和越冬，而且可经卵传至后代，带毒越冬的蚊子能成为次年感染人畜的传染源。因此，蚊子不仅是传播媒介，也是病毒的贮存宿主。

（三）易感动物

猪、牛、羊、马、禽、人等均可感染。猪不分品种和性别均易感，发病年龄多与性成熟期相吻合。

（四）流行特点

本病感染率高，发病率低，绝大多数动物在病愈后不再复发，成为带毒动物。但在新疫区常可见到本病在猪、马中集中发生和流行。在热带地区，本病全年均可发生。而在亚热带和温带地区本病有明显的季节性，主要在夏季至初秋的 7～9 月份流行。

三、临床症状

（一）猪

猪的流行性乙型脑炎人工感染的潜伏期为 3～4 d。病猪体温升高，精神沉郁，喜卧，食欲减退，口渴，结膜潮红，粪便干燥呈球状，表面常附有灰白色黏液，尿呈深黄色，少部分猪后肢轻度麻痹，步态不稳，有的后肢关节肿胀疼痛而呈现跛行。有的病猪出现视力障碍，摆头，乱冲乱撞。妊娠母猪发生流产或早产或延时分娩，胎儿多是死胎或木乃伊胎，有的仔猪出生后几天内发生痉挛而死亡，有的仔猪却生长发育良好，同一窝仔猪的大小和病变有显著差别，并常混合存在。母猪流产后，不影响下一次配种。

公猪除上述一般症状外，常发生睾丸肿胀，多呈一侧性，肿胀程度不一，局部发热，有疼痛感，数日后开始消退，多数患病公猪的睾丸缩小变硬，丧失配种能力。

（二）牛

牛乙型脑炎感染率很高，多呈隐性感染，仅个别发病，死亡率很低。

其主要表现为高热和神经症状。病牛在发热时食欲废绝,惊恐,呻吟,空嚼,磨牙,牙关紧闭,做转圈运动,四肢强直,随后发生痉挛,有时昏迷而后死亡。

（三）羊

山羊病初发热,从头部、颈部、躯干到四肢渐次出现麻痹症状,视力、听力减弱或消失,唇麻痹,流涎,咬肌痉挛,牙关紧闭,角弓反张,四肢关节伸屈困难,步样蹒跚或后躯麻痹,卧地不起,约经 5 d 可能死亡。

（四）马

马发病后出现高热,精神沉郁,食欲减少,粪便干而少。较重者出现高热稽留和明显的神经症状。病马步态不稳,跟跄,有的不能站立,有的呈不自然运动姿势,兴奋,冲撞。有时表现狂暴,攀登饲槽,爬墙跳壁,圈行。后期沉郁,麻痹,病重者死亡。不死者恢复期较长,需数月。

四、病理变化

流行性乙型脑类病变主要在脑、脊髓、睾丸和子宫。脑膜充血,脑脊液增多,脑组织软化,脑沟变浅。脊髓膜混浊、水肿。

脏器变化可见肝、肾混浊肿胀、稍硬。心内外膜点状出血。肺充血、出血、水肿。

五、诊断

根据流行病学资料、临床症状、病理变化以及结合实验室检验结果,进行综合分析,加以确诊。

六、防治

预防流行性乙型脑炎,应从动物免疫接种、消灭传播媒介和加强对宿主动物的管理三个方面采取措施。

本病无特效疗法,应积极采取对症疗法和支持疗法。在早期采取降低颅内压、调整大脑机能、解热为主的综合性防治措施,同时加强护理,可达到一定的疗效。

对重症或兴奋狂暴者从颈静脉放血 1 ～ 2 mL/kg,静脉注射 20% 甘露醇或 25% 山梨醇 20 ～ 30 mL，也可静脉注射 10% ～ 25% 高渗葡萄糖 500 ～ 1 000 mL。

对兴奋不安的患病动物可注射镇静剂苯巴比妥钠、三溴合剂。对高热的动物可注射氨基比林、安乃近、对乙酰氨基酚等退热。同时给予强心、利尿药。

第五节　痘　病

痘病是由痘病毒引起的人和多种动物的一种急性、热性、接触性传染病。哺乳动物痘病的特征是在皮肤和黏膜上发生痘疹，禽痘则是在禽类皮肤产生增生性和肿瘤样病变，在口腔和咽喉黏膜发生痘疹。

一、病原特点

痘病的病原为痘病毒，痘病毒对低温和干燥的抵抗力较强，对温热敏感，在 55℃ 经 20 min 可被灭活。病毒对直射阳光、碱和消毒剂敏感，常用消毒剂数分钟内可将其杀死。

二、流行病学

（一）传染源

痘病的主要传染源是患病动物或带毒动物。

（二）传播途径

痘病的天然传播途径为呼吸道、消化道和受损伤的表皮。

（三）易感动物

羊以绵羊最易感，家禽以鸡最易感，猪以 4 ～ 6 周龄的仔猪最易感。

（四）流行特点

痘病可发生于全年的任何季节，但以春秋两季比较多发，传播很快。

病愈的羊能获得终身免疫。

三、临床症状

（一）猪

猪痘病毒感染的潜伏期为3～6d；痘苗病毒感染的潜伏期仅2～3d。病猪体温升高，精神不振，食欲减退，鼻、眼有分泌物。痘疹主要发生于下腹部和四肢内侧等处。痘疹开始为深红色的硬结节，突出于皮肤表面，略呈半球状，表面平整，未见到水疱即形成脓疱，并很快结成棕黄色痂块，脱落后遗留白色斑块而痊愈，病程10～15d。

（二）牛

牛痘病病毒感染的潜伏期为4～8d。病牛病初体温升高，食欲减退，反刍停止。挤奶时母病牛的乳头和乳房敏感，不久在乳房和乳头（公牛在睾丸皮肤）上出现红色丘疹。1～2d后丘疹形成豌豆大小的圆形或卵圆形水疱，疱上有一凹窝，内含透明液体，以后转为脓性，最后结痂。经10～15d后痂块脱落而痊愈。如果病毒侵入乳腺，可引起乳腺炎。

（三）羊

1. 绵羊痘

绵羊痘自然感染的潜伏期为4～10d，平均5～6d。发病过程大多数较为典型，可分为前驱期、发痘期、化脓期和结痂期四个阶段。病初精神不振，食欲减退，眼结膜潮红、流泪，鼻腔有脓性分泌物，呼吸和脉搏加快，2～4d后发痘。痘疹多发生于无毛或少毛的眼、鼻、唇的周围及股内腋下、尾下、乳房等处，严重的也发生于全身皮肤及毛多处。刚开始为红斑，1～2d后形成丘疹，突出于皮肤表面。后期病羊精神高度沉郁，食欲废绝，反刍停止，体温可达41～42℃。随后丘疹逐渐增大，变成淡红色或灰白色、半球状的隆起结节，结节在几天内变成水疱，最后变成脓疱。脓疱破溃后如无继发感染，则逐渐干燥，在几天内形成棕色痂块。痂块脱落遗留一个红斑，之后颜色逐渐变淡，经2～3周痊愈。这是良性经过的典型过程。

若是发生在舌和齿龈的痘疹，则往往形成溃疡。有的病羊在咽喉、支气管、肺或胃黏膜上发生痘疹时,因继发细菌或病毒感染而死于败血症。有的病羊的痘疹在化脓期间发生出血或瘀血时,便成为黑红色,称为"黑痘"。有的全身长痘,痘疹互相融合形成大脓疱,称为"融合痘"。此种痘当有坏死杆菌继发感染时,就会形成深达肌肉的坏死性溃疡,有恶臭气味,称为"坏疽痘"或"臭痘"。这些都是典型的恶性经过。恶性病例常见于体质差的病、老、弱及羔羊,病死率常高达50%~80%。

2. 山羊痘

山羊痘多是外源性传染所致,自然感染的潜伏期为6~7 d。病初,病羊发热可达40~42℃,精神沉郁,少食,常拱背、呆立或俯卧,鼻孔闭塞,呼吸迫促。有的山羊口腔出现流涎症状,眼帘肿胀,结膜充血,有浆性分泌物。起初,在鼻、唇、耳、头面、乳房、尾腹侧、肛门等无毛或少毛处出现小红点或红斑,1~2 d后形成硬圆丘疹,突出皮肤表面,约一周后丘疹变大,呈圆形红色结节,质地较硬,之后形成灰白色水疱,内含清亮偏黄的浆液。由于白细胞浸润和化脓菌的侵入,水疱液由清变浊,经2~4 d变成脓疱,一般持续2 d左右。如果是良性经过,则随后脓疱破溃或内容物干涸结痂,最后变干,形成棕色结痂而自愈,这个过程一般是3~4周。有的羊还在头背部等皮肤被毛丛中长出痘疹,剪掉被毛,可见皮肤上有大小不等的丘疹,痘疹破溃后,局部皮肤脱落,留下近似圆形暗红色病灶。山羊痘常会并发呼吸道、消化道炎症和关节炎,病羊出现咳嗽、拉稀、腿跛等,严重时引起脓毒败血症而死亡。若是恶性经过,则与绵羊痘恶性经过相似。

(四)禽

禽痘的潜伏期为4~8 d。根据发病部位不同,可分为皮肤型、黏膜型和混合型,偶尔还有败血型。

1. 皮肤型

以头部皮肤多发,有时见于腿、脚、泄殖腔和翅内侧,形成一种特殊的痘疹。起初出现麸皮样覆盖物,继而形成灰白色小结,很快增大,略发黄,相互融合,最后变为棕黑色痘痂,经20~30 d脱落。一般无全身症状。

2. 黏膜型

黏膜型也称为白喉型。病禽起初流鼻液,有的流泪,2~3 d后在口腔和咽喉黏膜上出现灰黄色小斑点,很快扩展,形成假膜,如用镊子撕去,则露出溃疡灶,全身症状明显,采食与呼吸发生障碍。

3. 混合型

皮肤和黏膜均受侵害,发生痘疹。

4. 败血型

比较少见,以严重的全身症状开始,继而发生肠炎,病禽多为迅速死亡,有的转为慢性腹泻而死。

四、病理变化

特征性的病理变化主要见于皮肤及黏膜,可见红斑、丘疹、脓疱等。

五、诊断

对典型病例根据症状、病变和流行特征即可诊断。对非典型病例可采集痘疹组织涂片,用莫洛佐夫镀银染色法染色,或用血清学诊断,PCR确诊。

六、防治

平时加强饲养管理,引进羊只时需严格检疫。定期进行预防注射。一旦发病,应认真施行隔离、封锁和消毒,并采取预防措施。

第六节　大肠杆菌病

大肠杆菌病是由致病性大肠杆菌引起的多种动物不同疾病和病型的统称。临床上包括动物的局部性或全身性大肠杆菌感染、腹泻、败血症和肠毒血症等。

一、病原特点

该病的病原为大肠杆菌,是一种革兰氏阴性、中等大小的杆菌。大肠杆菌抗原结构复杂,已知有菌体(O)抗原、表面(K)抗原、鞭毛(H)抗原及菌毛(F)抗原,因而构成许多血清型。

不同地区的优势血清型有差别,即使同一地区不同场(群)的优势血清型也不尽相同。大肠杆菌对热的抵抗力较强,60℃ 30 min 才能将其全部杀死。大肠杆菌在潮湿温暖的环境中能存活近 1 个月;在寒冷干燥的环境中生存时间更长;在自然界水中能存活数周至数月。该菌对消毒剂的抵抗力不强,常用消毒剂在短时间内即可将其杀灭。

二、流行病学

(一)传染源

大肠杆菌病的传染源主要是患病、隐性感染动物。其次,普遍存在于外界环境中的致病性大肠杆菌,也是感染的来源。

(二)传播途径

易感动物可经污染的饲料和饮水通过消化道感染。此外,呼吸道、脐带、种蛋、人工授精或自然交配等也是重要的感染途径。

(三)易感动物

不同种类、品种和年龄的动物都有易感性,尤其是幼龄动物更为易感。

(四)流行特点

大肠杆菌病一年四季都可发生。仔畜未及时吸吮初乳,饲料突然改变或品质不良,饲养密度过大,通风不良,卫生状况差,消毒不严,气候骤变,阴雨潮湿,母畜乳汁过浓或过少等因素都可诱发本类疾病。

三、临床症状和病理变化

(一)猪

根据发病日龄及临床表现的差异,分为仔猪黄痢、仔猪白痢和仔猪水肿病。

1. 仔猪黄痢

仔猪出生时体况正常,12 h 后突然有 1 ～ 2 头仔猪全身衰弱,迅速消瘦、脱水,很快死亡,其他仔猪相继发生腹泻,粪便呈黄色糯糊状,被捕捉时,在挣扎和鸣叫中,肛门冒出稀粪,并迅速消瘦,脱水,昏迷而死亡。

剖检常发现无明显病变,有的剖检变化表现为败血症,一般可见尸体脱水严重,肠道膨胀,有多量黄色液状内容物和气体,肠黏膜呈急性卡他性炎症变化,以十二指肠最严重,空肠、回肠次之,肝、肾有时有小的坏死灶。

2. 仔猪白痢

病猪突然发生腹泻,排出糯糊样粪便,灰白或黄白色,气味腥臭,体温和食欲无明显改变,病猪逐渐消瘦,拱背,皮毛粗糙不洁,发育迟缓。病程为 3 ～ 9 d,多数病猪能自行康复。

剖检尸体外表苍白消瘦,肠黏膜有卡他性炎症变化,有多量黏液性分泌液,胃食滞。

3. 仔猪水肿病

断奶猪突然发病,表现出精神沉郁,食欲下降至废绝,心跳加快,呼吸浅表,病猪四肢无力,共济失调,静卧时,肌肉震颤,不时抽搐,四肢划动如游泳状,触摸敏感,发出呻吟或鸣叫,后期转为麻痹死亡。整个病期体温不出现升高。部分猪表现出特殊症状,眼睑和脸部水肿,有时波及颈部、腹部皮下,而有些猪体表没有水肿变化。该病病程为 1 ～ 2 d,个别可达 7 d 以上,病死率约为 90%。

最明显的病变是胃大弯部黏膜下组织高度水肿,眼睑、脸部等部位,肠系膜及肠系膜淋巴结、胆、喉头、脑及其他器官和组织也可见水肿。水肿范围大小不一,有时还可见全身性淤血。

(二) 牛

潜伏期很短,仅数小时。在临床上可分为 3 种类型。

1. 败血型

此型呈急性败血症经过。病犊发热,体温升高达 40℃,精神沉郁,食欲废绝,腹泻,粪便呈黄色或灰白色泡沫粥样或水样,混有血丝和气泡,有恶臭。常于出现症状后数小时至一日内死亡。有时未见明显症状即突然死亡。可从血液和内脏内分离到致病性大肠杆菌。病死率可达 80% ～ 100%。

病尸常无明显病理变化。

2. 肠毒血症型

此型较少见,病牛常突然死亡。病程稍长的病例,可见到中毒性神经症状,病牛先兴奋不安,后变沉郁,腹泻,昏迷而死亡。病死率可达95% ~ 100%。

病尸也常无明显病理变化。

3. 肠炎型（白痢型）

病犊病初体温升高到 40.5 ~ 41℃,食欲减退,喜躺卧。开始下痢后,体温降至正常。粪便初如粥样,呈黄色;后呈水样、灰白色,混有未消化的凝乳块、凝血及泡沫,有酸臭气味。病后期肛门失禁,常有腹痛,常用后肢踢腹。病程长的可出现肺炎及关节炎症状。治疗及时一般可治愈,但发育迟滞。

剖检病尸发现病牛主要有急性胃肠炎病变。

（三）羔羊

大肠杆菌病以初生至 6 周龄的羊较易感。潜伏期一般为几小时或 1 ~ 2 d。临床上分为败血型和肠炎型。

1. 败血型

败血型多见于 2 ~ 6 周龄的羔羊,病初体温升高达 41 ~ 42℃,精神委顿,呼吸加快,结膜潮红,继而出现口吐白沫,共济失调,角弓反张,磨牙,一肢或数肢呈划水样等神经症状。病羔很少腹泻,有的在濒死期从肛门流出稀粪,多于病后 4 ~ 12 h 内死亡,很少有恢复者。

剖检败血型病尸发现其无明显特征性变化。主要是在胸、腹腔和心包腔有大量积液,内混有纤维蛋白。某些病例的关节,尤其是肘和腕关节肿大,内含混浊液和纤维素性脓性絮片。脑膜充血、出血。

2. 肠炎型

肠炎型多见于 7 日龄内羔羊,病初体温升高到 40.5 ~ 41℃,随后出现腹泻。粪便先呈糊状,由黄色变为灰色;后呈液状,带气泡,有时混有血液或黏液。病羔腹痛,拱背,卧地。如不及时治疗,常在 24 ~ 36 h 死亡。致死率 15% ~ 75%。

肠炎型患羔脱水,真胃和肠内容物呈黄灰色半液状,瘤胃和网胃黏膜脱落,真胃和十二指肠及小肠中段呈严重的充血及出血。肠系膜淋巴结肿大充血。脑膜充血。有的病羔肺脏呈肺炎病变。

（四）禽

患有大肠杆菌病的病禽主要表现为精神沉郁,食欲下降,羽毛粗乱。病禽的呼吸道被侵害后会出现呼吸困难,黏膜发绀;消化道被侵害后会出现腹泻,排绿色或黄绿色稀便;关节被侵害后表现为跗关节或趾关节炎;眼被侵害时,眼前房积脓,有黄白色的渗出物;大脑被侵害时,出现神经症状。

剖检可见多种病理变化,具体如下所示。

（1）病雏除有卵黄囊病变外,多数发生脐炎、心包炎及肠炎。

（2）大肠杆菌性急性败血症:特征性病变是纤维素性肝周炎、心包炎。

（3）气囊炎:气囊壁增厚、混浊,有纤维素性渗出物或黄白色干酪样物。

（4）大肠杆菌性肉芽肿:在肝、肠、肠系膜或心上有菜花状增生物。

（5）卵黄性腹膜炎:卵巢感染发炎,卵泡变形破裂,卵黄液掉入腹腔,引起腹膜炎,致使肠粘连。

（6）关节炎及滑膜炎:表现为关节肿大,内含纤维素或混浊的关节液。

（7）眼球炎:开眼时,可见前房有黏液性脓性或干酪样分泌物。

（8）脑炎:脑膜充血、出血,脑脊液增加,大脑后方塌陷。

四、诊断

根据各自流行病学特点和临床症状,结合病理变化可做初步诊断,必要时进行实验室检验可做出确诊。

临床上,仔猪水肿病应注意区别于猪链球菌病、伪狂犬病等;禽大肠杆菌病应注意区别于鸡毒支原体感染、鸭传染性浆膜炎等;犊牛大肠杆菌病应注意区别于犊牛副伤寒、犊新蛔虫病等;羔羊大肠杆菌病应注意区别于羔羊痢疾。

五、防治

（一）预防

平时加强饲养管理,减少应激,搞好栏舍和母体卫生,对初生幼畜及时补铁、补硒和补充维生素等。

免疫接种是预防本病较为有效的措施。

可以使用药物预防。动物在分娩前后应用抗生素、中草药拌料或饮水,连续 3～5 d。初生畜和雏禽应用微生态活菌制剂或抗生素、中草药等灌服或饮水。

（二）治疗

治疗大肠杆菌病的关键是通过药敏试验,选取敏感的药物,及时合理地治疗,以降低死亡率。治疗原则是抗菌、补液,全群或全窝治疗。常用的药物有磺胺间甲氧嘧啶、磺胺脒、卡那霉素、庆大霉素、环丙沙星、恩诺沙星等。治疗的同时应给予口服补液盐或腹腔内补液。还可选用微生态制剂进行综合治疗。

第七节　沙门氏菌病

沙门氏菌病,又名副伤寒,是由沙门氏菌属细菌引起的各种动物疾病的总称。临床上多表现为败血症和肠炎,也可使怀孕母畜流产。

一、病原特点

沙门氏菌病的病原为肠杆菌科沙门氏菌属中的一群革兰氏阴性、中等大小杆菌。除鸡白痢沙门氏菌和鸡伤寒沙门氏菌外,其他都有周鞭毛,能运动。

本属细菌对干燥、腐败、日光等环境因素有较强的抵抗力,在水中能存活 2～3 周,在粪便中能存活 1～2 个月,在冰冻土壤中可存活过冬,在潮湿温暖处只能存活 4～5 周,在干燥处则可保持 8～20 周的活力。该菌对热和各种化学消毒剂的抵抗力不强,在 60℃ 15min 即可被杀灭,常规消毒剂可很快将其灭活。

二、流行病学

（一）传染源

沙门氏菌病的传染源主要是患病动物和带菌者。

（二）传播途径

健康动物主要经消化道和呼吸道感染,隐性感染者的自然交配或用其精液进行的人工授精是该病水平传播的重要途径。同时,沙门氏菌也可通过子宫内感染或带菌禽蛋垂直传递给子代而引起发病。

此外,潜藏于隐性感染者消化道、淋巴组织和胆囊内的病原菌,在机体抵抗力降低时也可激活而使动物发生内源性感染。

（三）易感动物

各种年龄的人和各种动物对沙门氏菌都有易感性,尤其是幼年动物更为易感。

（四）流行特点

本病一年四季均可发生。卫生条件差、饲养密度过大、气候骤变、分娩、长途运输或并发其他疫病感染等,都可诱发本病,或使病情加剧,流行面积扩大。

三、临床症状和病理变化

（一）猪

猪的沙门氏菌病潜伏期 2 ～ 30 d。临诊上分为急性败血型和慢性型。

1. 急性败血型

该型多见于断奶后不久的仔猪。病有猪体温升高(41 ～ 42℃),食欲不振,精神沉郁。病猪病初便秘,以后下痢,粪便恶臭,有时带血,常有腹部疼痛症状,弓背尖叫。耳、腹部及四肢皮肤呈深红色,后期呈青紫色。最后病猪呼吸困难,体温下降,偶尔咳嗽,痉挛,一般经 2 ～ 4 d 死亡。

主要病变是败血症变化。耳及腹部有紫斑;淋巴结肿胀、充血、出血;心内膜、心外膜、膀胱、咽喉及胃黏膜出血;脾脏肿大,呈暗紫色;肝脏肿大,有针尖大至粟粒大灰白色坏死灶;盲肠、结肠黏膜充血、肿胀,肠壁淋巴小结肿大。

2. 慢性型（结肠炎型）

此型最为常见,临诊表现与肠型猪瘟相似。体温稍许升高(40.5 ～ 41.5℃),精神不振,食欲减退,便秘和下痢反复交替发生,粪便呈灰白色、淡黄色或暗绿色,形同粥状,有恶臭,有时带血和坏死组织碎片,以后逐渐脱水、消瘦,皮肤上出现痂样湿疹。有些病畜发生咳嗽。病程

2～3周或更长,最后衰竭死亡。

主要病变在盲肠和大结肠。肠壁淋巴小结先肿胀隆起,以后发生坏死和溃疡,表面被覆有灰黄色或淡绿色麸皮样物质,以后许多小病灶逐渐扩大融合在一起,形成弥漫性坏死,肠壁增厚。肝脏、脾脏及肠系膜淋巴结肿大,常见到针尖大至粟粒大的灰白色坏死灶,这是猪副伤寒的特征性病变。肺脏常见到卡他性或干酪样肺炎病灶。

（二）牛

牛的沙门氏菌病潜伏期一般为1～3周。以2～6周龄的犊牛最易感,又称为犊牛副伤寒。根据病程长短可分为急性败血型和慢性型。

1. 急性败血型

犊牛发病后表现出体温升高,精神委顿,食欲废绝,呼吸加快,不久出现腹泻,排出混有黏液、血液和假膜的恶臭稀便,最后脱水死亡。病程5～7 d。病程延长时,可能发生关节肿,伴发支气管炎和肺炎,出现咳嗽、气喘。成年牛症状与犊牛相似。多为散发。怀孕母牛多数发生流产。

剖检急性死亡的犊牛可见胃肠黏膜、浆膜出血斑,肠系膜淋巴结出血、水肿,肝、脾、肾充血肿大。

2. 慢性型

病犊呈现周期性腹泻,有时发生关节炎。

剖检慢性型病例,常见肺、肝、肾发生炎症和坏死结节,有时膝、肘和跗关节有浆液性炎症。

（三）羊

病羊感染的临床表现因感染沙门氏菌的种类不同而有一定的差异,主要表现为下痢型和流产型。

1. 下痢型

本病型多见于羔羊。病羊表现出精神沉郁,体温高达40～41℃,食欲减少,腹泻,排黏性带血稀粪,有恶臭,低头弓背,继而卧地。病程1～5 d,随后死亡,有的经两周后可恢复。发病率一般为30%,病死率25%左右。

剖检病死羊,可见后躯常被稀粪污染,组织脱水;真胃和小肠空虚,内容物稀薄,常含有血块;肠黏膜充血,肠系膜淋巴结肿大,心内外膜有小出血点。

2.流产型

本病型多发生在绵羊怀孕的最后两个月,出现流产或死产。病羊表现出精神沉郁,体温升高,拒食,部分病羊有腹泻症状,病羊产出的活羔极度衰弱,并常有腹泻,病程 1 ～ 7 d,后死亡。发病母羊也可在流产后或无流产的情况下死亡。该病型在羊群暴发一次,一般可持续 10 ～ 15 d,流产率和病死率均很高。

剖检病死羊,可见流产、死产的胎儿或出生后一周内死亡的羔羊,呈败血症病变,表现为组织水肿、充血,肝脏、脾脏肿大,有灰色病灶,胎盘水肿出血;死亡的母羊呈急性子宫炎症状,其子宫肿胀,内含有坏死组织,浆液性渗出物和滞留的胎盘。

(四)禽

禽临床上的主要病型有鸡白痢、禽伤寒和禽副伤寒。

1.鸡白痢

发病雏鸡呈最急性者,无症状迅速死亡。稍缓者表现为精神委顿,绒毛松乱,昏睡,不愿走动。腹泻,排稀如糨糊状白色粪便,肛门周围绒毛被粪便污染,最后因呼吸困难及心力衰竭而死。

40 ～ 80 日龄的中鸡,发病突然,鸡群中不断出现精神、食欲差和下痢的鸡只,常突然死亡,死亡不见高峰,死亡率可达 10%～ 20%。成年鸡呈慢性经过或隐性感染。

日龄小、发病后很快死亡的雏鸡,病变不明显。肝肿大,充血或有条纹状出血。病期延长者卵黄吸收不良,心肌、肺、肝、盲肠、大肠及肌胃肌肉中有坏死灶或结节。有的有心外膜炎,肝点状出血及坏死,脾肿大,肾充血或贫血,输尿管充满尿酸盐而扩张,盲肠中有干酪样物堵塞肠腔,有时还混有血液,肠壁增厚,常有腹膜炎。

2.禽伤寒

禽伤寒常造成死胚或弱雏。在育雏期感染,表现出精神沉郁,怕冷扎堆并拉白色的稀粪。雏鸡的死亡率可达 10%～ 50%,雏火鸡的死亡率约为 30%。青年鸡或成年鸡发病后常表现为急性,往往出现几只鸡突然死亡。慢性型病鸡能拖延数周,死亡率较低。

病死雏鸡的病变与雏鸡白痢相似,肺和心肌中常见到灰白色结节。

3.禽副伤寒

幼禽多呈急性或亚急性经过,成禽一般为慢性经过,呈隐性感染。孵化感染或孵化室内感染者,多在一周内发病死亡。多数病例表现出嗜睡、垂头闭眼、翅下垂,羽毛蓬乱,怕冷聚堆,食欲减少,饮水增加,呈白色水样下痢,肛门周围污染严重。

最急性者无可见病变。病期稍长者肝、脾充血,有条纹状或针尖状出血,肺及肾出血,有心包炎,常有出血性肠炎,盲肠内常有豆腐渣样堵塞物。成年鸡,肝、脾、肾充血肿胀,有出血性或坏死性肠炎、心包炎及腹膜炎,产卵鸡的输卵管坏死、增生,卵巢坏死、化脓。

四、诊断

根据流行病学、临床症状和病理变化,能做出初步诊断,必须进行实验室检查以确诊。

五、防治

(一)预防

应从加强饲养管理,消除发病诱因,保持饲料和饮水的清洁卫生等方面入手。

(二)治疗

选择敏感药物进行治疗。常用药物如下所示。

(1)氨基糖苷类、喹诺酮类,如洛美沙星、培氟沙星、氧氟沙星、诺氟沙星、环丙沙星等。

(2)酰胺醇类,如甲砜霉素、氟苯尼考等。

(3)头孢菌素类,如头孢喹肟、头孢他啶、头孢噻呋等。

(4)磺胺类,如磺胺间甲氧嘧啶、磺胺二甲基嘧啶、磺胺嘧啶、新诺明等。

第八节　巴氏杆菌病

巴氏杆菌病是由多杀性巴氏杆菌引起的多种动物共患的一种急性、热性传染病。急性病例以败血症和炎性出血过程为特征,慢性病例则表现为皮下、关节以及各脏器的局灶性炎症。

一、病原特点

巴氏杆菌病的病原为多杀性巴氏杆菌。一种革兰氏阴性、两极浓染短杆菌。

多杀性巴氏杆菌的抵抗力不强,在水浴 56℃ 15 min、60℃ 10 min 内可被杀死,直射阳光下暴晒 10 min 可失去活力,干燥空气中 2～3 d 死亡,在血液、排泄物和分泌物中能生存 6～10 d,一般消毒剂在数分钟内均可将其杀死。

二、流行病学

(一)传染源

患病动物是主要传染源,但一般认为动物在发病前已经带菌。

(二)传播途径

主要经过消化道和呼吸道传染,也可经损伤的皮肤、黏膜和吸血昆虫叮咬感染,健康带菌者在机体抵抗力降低时可发生内源性感染。

(三)易感动物

各种家畜、家禽对本病都易感,家禽中以鸡、火鸡、鸭、鹅和鹌鹑最容易感染。仔猪以 3～10 周龄最易感,是本病高发阶段。

(四)流行特点

本病多呈散发或地方流行性,一年四季都可发生流行,但以高温、潮湿、多雨的夏秋两季和气候多变的春季发生较多。发病率为 40% 以上,死亡率为 5% 左右。

三、临床症状和病理变化

(一)猪

猪巴氏杆菌病又称为猪肺疫,潜伏期为 1～5 d。根据病程长短可分为 3 种类型。

1. 最急性型

最急性型俗称"锁喉风",病猪突然发病,常无明显症状,迅速死亡。病猪体温升高,食欲废绝,全身衰弱,横卧或呈犬坐式,呼吸极度困难,口鼻流出泡沫。颈下咽喉部发热、红肿、坚硬,腹侧、耳根和四肢内侧皮肤出现红斑,很快死亡。

病理变化主要表现为全身黏膜、浆膜和皮下组织有大量出血点,尤以咽喉部及其周围结缔组织的出血性浆液浸润最为特征。

2. 急性型

病猪体温升高,痉挛性干咳,鼻流黏稠液。后变湿咳,触诊胸部敏感。严重者呈犬坐姿势张口呼吸,可视黏膜变紫。初便秘后腹泻。末期心脏衰弱,心跳加快,皮肤瘀血、出血。消瘦无力,卧地不起,多因窒息而死,病程 5 ~ 8 d。

病理变化主要表现为全身黏膜、浆膜、实质器官、淋巴结出血,特征性的病理变化是纤维素性肺炎。肺有不同程度的肝变区,周围常伴有水肿和气肿,病程长的肝变区内还有坏死灶。胸膜常有纤维素性附着物与病肺粘连,胸腔及心包积液。胸腔淋巴结肿胀,切面发红、多汁。

3. 慢性型

慢性型多见于流行后期,主要表现为慢性肺炎和慢性胃炎症状。

病理变化主要为慢性型肺炎及胃肠炎病变。肺有的形成空洞,与支气管相通。心包与胸腔积液,胸腔有纤维素性沉着,肺粘连。胃肠黏膜有卡他性炎症,支气管周围淋巴结及扁桃体等有坏死。

（二）牛

牛巴氏杆菌病又称为牛出血性败血症,潜伏期为 2 ~ 5 d。根据临床表现分为 4 种类型。

1. 败血型

病牛体温突然升高至 41 ~ 42℃,精神沉郁,反刍停止,呼吸困难,结膜潮红或发绀,鼻流带血泡沫,腹泻,粪便带血,一般于 24 h 内因虚脱而死亡,甚至突然死亡。

剖检时往往没有特征性病变,只见黏膜或浆膜面有广泛性的点状出血,淋巴结水肿、出血。

2. 水肿型

水肿型最为常见,除有全身症状外,病牛头颈下部发生炎性水肿,甚至沿颈下扩展到前胸。肿胀由硬固和热痛渐变软、波动,热痛减轻。舌咽高度肿胀,呼吸和吞咽困难,大量流涎,故俗称"清水症"。皮肤和黏膜发绀,眼红肿、流泪。病牛常因窒息而死。

3. 肺炎型

病牛表现出明显的呼吸困难,有痛性干咳,鼻流无色或带血泡沫。叩诊胸部,一侧或两侧有浊音区;听诊有支气管呼吸音和啰音,或胸膜摩擦音。有的伴有带血的剧烈腹泻,病牛多因窒息死亡。

主要病变为纤维素性胸膜肺炎变化。

4. 慢性型

慢性型少见,由急性型转变而来,病牛长期咳嗽,慢性腹泻,消瘦无力。

(三)羊

羊巴氏杆菌病根据病程长短可分为 3 种类型。

1. 最急性型

该病型多见于哺乳羔羊。病羔突然发病,打寒战,呼吸困难,于数分钟或数小时内死亡。

2. 急性型

病羊精神沉郁,采食、反刍停止,体温升高到 41 ~ 42℃。呼吸急促,咳嗽,鼻分泌物常混有血液。眼结膜潮红,有黏性分泌物。初期便秘,后期腹泻,有时有血便。颈部、胸下部发生水肿。病羊通常在严重腹泻后虚脱而死。病程 2 ~ 5 d。

剖检皮下有液体浸润和小点状出血。胸腔内有黄色积液,肺淤血、小点状出血和肝变,偶见黄豆至胡桃大的化脓灶。胃肠道出血性炎症,其他脏器呈水肿和淤血,间有小点状出血,但脾脏不肿大。

3. 慢性型

病羊消瘦,饮食不振,流黏脓性鼻液,咳嗽,呼吸困难,有时颈部和胸下部发生水肿,有时出现角膜炎或腹泻,最后极度衰弱而死。

剖检尸体消瘦,皮下胶冻样液体浸润,有纤维素性胸膜肺炎,肝有坏死灶。

（四）禽

禽的巴氏杆菌病根据病程长短可分为 3 种类型。

1. 最急性型

该类型常见于流行初期,以产蛋量高的鸡常见,病鸡无前驱症状,突然倒地死亡。病鸡无特殊病变,有时只能看见心外膜有少许出血点。

2. 急性型

此型最为常见。病禽表现为精神沉郁,羽毛松乱,不愿走动,离群呆立。腹泻,排出黄色、灰白色或绿色的稀粪。体温升高,不食,渴欲增加。呼吸困难。

病变较为特征,病鸡的腹膜、皮下组织及腹部脂肪常见点状出血。心包变厚,心包积液,有的含纤维素絮状液体,心冠脂肪和心外膜上有很多出血点或出血斑。肺充血、出血。肝稍肿、质脆,表面散布有许多灰白色或灰黄色针头大的坏死点。肌胃出血显著,十二指肠呈出血性炎症,内容物含有血液。

3. 慢性型

慢性型由急性不死病例转变而来,多见于流行后期。以慢性肺炎、慢性呼吸道炎和慢性胃肠炎较多见。有的病禽有关节炎,常局限于脚或翼关节和腱鞘处,表现为关节肿大、疼痛,脚趾麻痹,因而发生跛行。

病变为关节肿大变形,公鸡的肉髯肿大,母鸡的卵巢出血、卵泡变形等。

四、诊断

根据流行病学、症状、剖检可初步诊断,确诊须经实验室分离鉴定细菌。

五、防治

（一）预防

加强饲养管理,平时严格执行兽医卫生防疫措施。

（二）治疗

选择敏感药物进行治疗,常用药物如下所示。
（1）青霉素类,如青霉素、氨苄青霉素等。
（2）头孢菌素类,如头孢唑肟、头孢呋辛、头孢氨苄等。
（3）磺胺类,如磺胺间甲氧嘧啶、磺胺嘧啶、新诺明等。
（4）酰胺醇类,如甲砜霉素、氟苯尼考等。
（5）氨基糖苷类,如庆大霉素、卡那霉素、阿米卡星等。
（6）喹诺酮类,如洛美沙星、培氟沙星、氧氟沙星、诺氟沙星、环丙沙星等。

第九节　布鲁氏菌病

布鲁氏菌病简称布病,是由布鲁氏菌引起的急性或慢性人兽共患病。临诊主要表现流产、不育、睾丸炎、附睾炎和关节炎,病理特征为全身弥漫性网状内皮细胞增生和肉芽肿结节形成。

一、病原特点

布鲁氏菌病的病原为布鲁氏菌,一种革兰氏阴性短小杆菌,分为 6 个种 19 个生物型。我国已分离到 15 个生物型,临床上以猪、牛、羊三种布鲁氏菌的意义最大,羊布鲁氏菌的致病力最强。布鲁氏菌在自然环境中生命力较强,在患病动物的分泌物、排泄物及病死动物的脏器中能生存 4 个月左右,在食品中可生存约 2 个月。但加热 60℃或日光下暴晒 10 ~ 20 min 可将其杀灭,对常用化学消毒剂较敏感。

二、流行病学

（一）传染源

该病的传染源主要是发病及带菌的羊、牛、猪,其次是犬。

（二）传播途径

感染动物首先在同种动物间经皮肤黏膜、消化道、呼吸道以及苍蝇携带和吸血昆虫叮咬等传播，造成带菌或发病，随后波及人类。

（三）易感动物

猪布鲁氏菌对猪、野兔、人等的致病力较强；牛布鲁氏菌对牛、水牛、牦牛、马和人的致病力较强；羊布鲁氏菌对绵羊、山羊、牛、鹿和人的致病性较强。幼龄动物和老龄动物的易感性较低，成年动物特别是处于怀孕期的青年动物对该菌易感性最高。通常情况下，初产动物最为易感，流产率也最高，随着产仔胎次的增加易感性逐渐降低。

（四）流行特点

本病一年四季均可发生，但以产仔季节感染和发生为多，通常呈地方性流行。

三、临床症状和病理变化

（一）猪

感染猪大部分呈隐性经过，少数猪呈现典型症状，表现为流产，不孕，睾丸炎，后肢麻痹及跛行，短暂发热或无热。很少发生死亡。流产可发生于任何孕期，由于猪的各个胎儿的胎衣互不相连，胎衣和胎儿受侵害的程度及时期并不相同，因此，胎儿可能只有一部分死亡，而且死亡时间也不同。在怀孕后期（接近预产期）流产时，所产的仔猪可能有完全健康者，也有虚弱者和不同时期死亡者，母病猪阴道常流出黏性红色分泌物，经8～10 d 虽可自愈，但排菌时间却较长，需经 30 d 以上才能停止。公猪发生睾丸炎时，呈一侧性或两侧性睾丸肿胀、硬固，有热痛，病程长，后期睾丸萎缩，失去配种能力。

病理变化可见子宫黏膜有许多针尖至绿豆大的结节，中央含有脓汁或干酪样物质。胎盘点状出血，表面覆盖黄色渗出物。公猪除睾丸和附睾有炎症病变外，常见皮下淋巴结、腱鞘等处发生脓肿。

（二）牛

牛布鲁氏菌病的潜伏期长短不一，一般为 14～120 d。

该病通常发生于第一胎次怀孕母牛，使其流产，第二胎次多为正常。母病牛在怀孕后 6～8 个月发生流产多见，流产前数天一般表现有分娩征兆，流产后常伴有胎衣滞留、子宫内膜炎和乳房炎。公牛发生睾丸炎和附睾炎，睾丸肿大，触之有疼痛。有的病牛发生关节炎、淋巴结炎和滑液囊炎。

剖检可见胎盘呈淡黄色胶样浸润，表面附有糠麸样絮状物和浓汁。胎儿胃内有黏液性絮状物，胸腔积液，淋巴结和脾脏肿大，有坏死灶。

（三）羊

羊布鲁氏杆菌病通常呈慢性经过，一般情况下羊布病感染之后，该病在羊的体内会有一定的潜伏期。

母羊感染布病的表现症状主要是流产，流产可发生在妊娠的任何时期，其中最常见的是发生在妊娠后期 3～4 月，常突然发生流产，胎儿多为死胎，少数产出活的弱羔，且带有病菌。山羊流产率高达 70%，绵羊流产率为 40%。除了流产外，患病母羊还会伴随出现乳房炎、关节炎和滑液囊炎引起的跛行。母羊即使感染后康复，再次怀孕仍然会出现流产的现象，只是康复后的流产会比较晚，流产中还会出现胎衣的滞留，甚至还会不孕。公羊布鲁氏杆菌病主要临床症状以睾丸炎或者附睾炎为主。

病理变化与牛的变化无多大差异，但淋巴结、脾、肝等发生弥散性肿大，有的表现为大量的结节性肉芽肿。

四、诊断

根据流行病学、临诊特征症状及胎儿胎衣的病理变化，可怀疑为本病，确诊有赖于实验室诊断。

五、防治

（一）预防

加强检疫，分群隔离饲养，培养健康畜群，平时严格消毒，疫区定期免疫接种(猪 2 号菌苗、羊 5 号菌苗和牛布鲁氏菌 19 号菌苗)。

（二）治疗

治疗药物主要有四环素、土霉素、链霉素、卡那霉素和磺胺类药物等。由于本病多为隐性,也易传染人,所以一般对患病动物不作治疗,采取淘汰处理。

第七章　猪的传染病及防治

第一节　猪　瘟

猪瘟是由猪瘟病毒引起的猪的一种急性或慢性、热性和高度接触性传染病。猪瘟呈世界性分布，由于其危害程度高，对养猪业造成经济损失巨大，国际兽疫局（OIE, Office International Des Epizooties）将猪瘟列入A类传染病，并规定其为国际重点检疫对象。

一、病原特点

猪瘟的病原为猪瘟病毒。本病毒对理化因素的抵抗力较强，在室温能存活 2～5 个月，在冻肉中能存活 6 个月之久，冻干后在 4～6℃条件下可存活 1 年，在 2%氢氧化钠、5%漂白粉、3%来苏儿等溶液中能很快被灭活。2%克辽林、3%氢氧化钠可杀死粪便中的病毒。过酸或过碱均能使病毒灭活。

二、流行病学

（一）传染源

病猪和带毒猪是最主要的传染源。

（二）传播途径

主要经消化道传播，也可经胎盘垂直传播。

（三）易感动物

本病仅发生于猪,各年龄、品种的猪(包括野猪)都易感。

（四）流行特点

本病一年四季均可发生,一般以春、秋较为严重。疾病的流行形式主要取决于猪瘟病毒的毒力。

三、临床症状

自然感染潜伏期一般为 5 ～ 7 d,短的 2 d,长的 21 d。根据病程的长短和症状性质,在临床上分为最急性型、急性型、亚急性型和慢性型 4 种。

（一）最急性型

此类型多见于初发病地区和流行初期,病猪常无明显症状而突然死亡。或突然发病,体温升高至 41℃以上,稽留不退,全身痉挛,四肢抽搐,皮肤和黏膜发绀,有出血斑点。

（二）急性型

病猪体温升高至 41℃左右,稽留不退,死前降至常温以下。精神极度沉郁,行动缓慢,头尾下垂,拱背,打寒战,口渴、常卧于一处或闭目嗜睡,眼结膜发炎,眼睑水肿,眼角处有脓性分泌物,呈褐色而黏着双眼使其不能张开。在下腹部、耳根、四肢、嘴唇、外阴部等处可见到紫红色出血斑或出血点。病初粪干,后期腹泻,粪便呈灰黄色。公猪包皮内积有尿液,用手挤压后流出浑浊灰白色恶臭液体。哺乳仔猪也可发生急性猪瘟,主要表现出神经症状,如磨牙、痉挛、角弓反张或倒地抽搐,最后死亡。

（三）亚急性型

亚急性型症状与急性型相似,但病势较缓和,病猪体温呈不规则的交替上升。病程较长的病猪,在腹下、四肢、会阴及耳等处皮肤上常见出血斑点。病猪逐渐消瘦、衰弱,步态不稳,后期乏力,站立困难。

（四）慢性型

该病型的病程为一个月以上，主要表现为消瘦，贫血，全身衰弱，常伏卧，步态缓慢无力，食欲缺乏，便秘和腹泻交替。有的病猪在耳端、尾尖及四肢皮肤上有紫斑或坏死痂。不死亡者长期发育不良成为僵猪。

四、病理变化

猪瘟的病理变化，因病毒毒力大小、机体的免疫状态、感染后的经过长短及继发细菌感染情况不同而各不相同。肉眼可见病变主要为小血管变性而引起的广泛性出血、水肿、变性和坏死。

（一）最急性型

此类型常无明显的特征性变化，一般仅见组织器官有少数出血斑点。

（二）急性型

病猪的多种组织器官有不同程度的出血变化。淋巴结肿大、出血，外观呈紫黑色，切面如大理石样。肾脏色泽变淡，皮质部、肾盂和肾乳头有出血点。脾脏一般不肿大，边缘多见有紫黑色稍隆起的出血性梗死。扁桃体出血、坏死。喉头、会厌软骨出血。肺、心外膜和冠状沟脂肪出血。口腔黏膜、齿龈有出血点和溃疡灶。膀胱黏膜出血。大小肠系膜和胃肠浆膜出血。胃底部黏膜出血、溃疡。回盲瓣附近淋巴滤泡有出血和坏死。脑膜出血。肋骨病变表现为突然钙化，从肋骨、肋软骨联合到肋骨近端有半硬的骨结构形成的明显横切线。

（三）亚急性型

病猪的败血性病变轻微，全身出血病变较急性型为轻，但坏死性肠炎和肺炎的变化较明显。

（四）慢性型

病猪全身出血变化不明显。主要表现为坏死性肠炎，大肠的回盲瓣处黏膜上形成特征性的纽扣状溃疡。由于病猪体内钙、磷代谢失调表现为突然钙化，从肋骨、肋软骨联合到肋骨近端常见有半硬的骨结构形成的明显横切面,该病理变化在慢性猪瘟诊断上有一定意义。

五、诊断

对典型急性猪瘟,根据流行病学、临床症状和病理变化等可比较容易地做出初步的临床诊断。对慢性或迟发型猪瘟,做出临床诊断比较困难,这时必须采取实验室诊断措施。

六、防治

(一)预防

1. 平时的预防措施

提高猪群的免疫水平,防止引入病猪,阻断传播途径,加强病原和抗体监测,持久开展猪瘟疫苗的预防注射是预防猪瘟发生的重要措施。

2. 流行时的防治措施

(1)封锁疫点。在封锁地点内停止生猪及猪产品的集市买卖和外运。

(2)处理病猪。对所有猪进行测温和临床检查,病猪以急宰为宜,急宰病猪的血液内脏和污物等应就地深埋。

(3)紧急预防接种。对疫区内的假定健康猪和受威胁区的猪立即注射猪瘟兔化弱毒疫苗。

(4)彻底消毒。病猪圈、垫草、粪水、吃剩的饲料和用具均应彻底消毒,对饲养用具应每隔2～3d消毒1次,碱性消毒药均有良好的消毒效果。

(二)治疗

尚无有效疗法。对贵重种猪,在病初可用抗猪瘟血清抢救,同群猪可用抗血清紧急预防,但抗血清价格高,治疗花费较大。

第二节　猪细小病毒感染

猪细小病毒可引起猪的繁殖障碍,主要表现为胎儿和胚胎感染后死亡,而母体通常并不表现任何临床症状。有时也可导致公、母猪的不育。

一、病原特点

本病的病原为猪圆环病毒,有两个血清型,Ⅰ型没有致病性,Ⅱ型有致病性。

该病毒对外界的抵抗力较强,能抵抗 60℃ 30 min,在高温环境也能存活一段时间,在 pH 3.0 ~ 9.0 的环境中很长时间不被灭活,对氯仿不敏感,对多种消毒剂的灭活作用具有高度抵抗力。

二、流行病学

（一）传染源

感染猪圆环病毒的母猪、公猪及污染的精液是主要传染源。

（二）传播途径

本病可经胎盘垂直感染和交配感染。也可以通过污染的食物、环境,经消化道和呼吸道感染。出生前后的猪最常见的感染途径是胎盘和口鼻。另外,鼠类也可机械地传播本病。

（三）易感动物

猪细小病毒在世界各地的猪群中广泛存在,不同年龄、性别、品种的猪都可感染,呈地方流行或散发,特别是在易感猪群初次感染时,还可呈急性暴发,造成相当数量的初产母猪流产、产死胎等繁殖障碍。

（四）流行特点

本病的发生无季节性。饲养管理不当、断奶应激、混群、运输、饲养密度过大,以及频繁的疫苗接种等均为诱发本病的重要因素。

三、临床症状

仔猪和母猪感染后通常表现为亚临诊感染,主要症状为母猪繁殖障碍。妊娠初期（10 ~ 30 d）的母猪感染后,可能重新发情却屡配不孕或窝产仔数很少,仅分娩几只仔猪;母猪在妊娠中期（30 ~ 60 d）感染时,大部分胎儿为死胎或木乃伊胎;在妊娠 70 d 时感染,母猪主要表现为流产,怀孕母猪产出死胎、畸形胎、木乃伊胎及少量虚弱仔猪。

四、病理变化

剖检可见母猪子宫内有大小及死亡时间不一致的胎儿,有的被溶解、吸收。感染胎儿充血、水肿、出血、体腔积液、干尸化、坏死。

五、诊断

本病的诊断必须将临床症状、病理变化和实验室检查相结合才能得到可靠的结论。

目前,我国猪病的复杂性主要表现在多病原混合感染,尤其是由 Ⅱ 型圆环病毒、猪繁殖与呼吸综合征病毒、副猪嗜血杆菌等病原引起的猪呼吸道传染病,临床上很难正确诊断。因此,本病最可靠的方法还是通过实验室检查。

六、防治

本病无治疗方法,引进新种猪时,应加强检疫,不从疫区进猪。

免疫接种(灭活疫苗):后备母猪和公猪在配种前 1 ～ 2 个月首免,2 周后二免,均肌内注射 2 mL 疫苗。

第三节　猪繁殖与呼吸综合征

猪繁殖与呼吸综合征是由猪繁殖与呼吸综合征病毒引起的一种接触性传染病。其临床特征为母猪发热、厌食、怀孕后期发生流产、产木乃伊胎、死胎、弱胎等。仔猪表现呼吸道症状和呈现高死亡率。

一、病原特点

本病的病原为猪繁殖与呼吸综合征病毒,有两个血清型,即美洲型和欧洲型,目前我国分离到的毒株为美洲型。

猪繁殖与呼吸综合征病毒对酸、碱都较敏感,尤其不耐碱,一般的消毒剂对其都有作用,但在空气中可以保持 3 周左右的感染力。

二、流行病学

(一)传染源

病猪和带毒猪是主要传染源。猪感染后可通过唾液、鼻液、精液、乳汁、粪便等途径向外排毒。耐过猪可长期带毒和不断向体外排毒。鸟类可能是病毒的携带者。

(二)传播途径

本病毒可经多种途径传播,主要经呼吸道感染。空气传播是本病的主要传播方式。本病通过公猪的精液经生殖道在同猪群间水平传播。本病也可垂直传播,怀孕母猪感染病毒后,经胎盘感染胎儿,造成繁殖障碍。

(三)易感动物

猪是唯一的易感动物,不同年龄和品种的猪均可感染,而以怀孕母猪和仔猪最易感。

(四)流行特点

本病在新疫区常呈地方流行,老疫区则多为散发。本病传播迅速,在 2 ～ 3 个月内一个猪群的 95% 以上均变为血清学抗体阳性,并在体内保持 16 个月以上。

本病的发生多呈明显的季节性,尤以寒冷季节多发。饲养管理不完善,防疫制度不健全,猪群密度过大,天气条件恶劣,可促进本病的流行。

三、临床症状

没有免疫力的猪群呈现明显的流行性感染。早期以病猪厌食和嗜睡为主要特征。在 3 ～ 7 d 内迅速扩散,有些猪停止摄食 1 ～ 5 d,经 7 ～ 10 d 扩散到其他小群中,常被称为"滚动式厌食"。除了厌食和嗜睡以外,各种年龄猪出现不一致的症状。

（一）母猪

母猪感染后,初期出现厌食、体温升高(40～41℃)、呼吸急促、流鼻涕等类似感冒的症状。少数母猪耳朵、乳头、外阴、腹部、尾部和四肢末端皮肤发绀,以耳尖最为常见。怀孕后期发生流产,早产,产死胎、木乃伊胎和弱仔。有的母猪出现四肢麻痹。

（二）公猪

公猪感染后表现咳嗽、打喷嚏、精神沉郁、食欲不振、嗜睡、呼吸急促和运动障碍。性欲减弱,精液质量下降,射精量少。少数公猪耳朵变色、发绀。

（三）仔猪

仔猪感染后,多表现为精神不振、体温升高、气喘、张口呼吸、咳嗽、打喷嚏、流鼻涕、眼睑肿胀、结膜炎、肌肉震颤、共济失调、腹泻、消瘦、耳尖和躯体末端皮肤发绀。以新生仔猪和哺乳仔猪呼吸道症状严重,死亡率高。

（四）生长肥育猪

生长肥育猪感染后,主要表现为厌食、嗜睡、咳嗽、呼吸困难,有些猪双眼肿胀,出现结膜炎和腹泻。如果不发生继发感染,生长肥育猪可以康复。

四、病理变化

主要病变为肺组织弥漫性间质性肺炎,肺脏肿胀、硬变,肺边缘发生弥漫性出血。腹膜、肾周围脂肪、肠系膜淋巴结、皮下脂肪和肌肉发生水肿。淋巴结不同程度的瘀血、出血、肿胀,切面湿润多汁。肺门淋巴结出血、大理石样外观为本病的特征之一。大多数病猪的脾脏呈暗紫色,轻度肿胀。

五、诊断

根据流行病学、临床症状及剖检病变特点可做出初步诊断。确诊须进行实验室检查。

六、防治

本病目前尚无特效药物。本病流行时可注射抗生素防止细菌继发感染，降低病死率。

对新购入的猪只做好隔离观察，确认健康方可混群饲养。平时应加强饲养管理，定期对种母猪、种公猪进行本病的血清学检测，及时淘汰可疑病猪。

应用疫苗提高机体免疫力，做好健康猪群的免疫。

第四节　猪传染性胃肠炎

猪传染性胃肠炎是由猪传染性胃肠炎病毒引起的一种急性、高度接触性肠道传染病。临床上以严重腹泻、呕吐、脱水为特征。各年龄、性别、品种的猪都可发病，2周龄以内的仔猪死亡率较高，随年龄的增大死亡率逐步下降。育肥猪、种猪感染发病率低，一般呈良性经过。

一、病原特点

本病的病原为猪传染性胃肠炎病毒。本病毒对热敏感，56℃ 30 min能很快被灭活，37％的病毒4 d丧失毒力，但在低温下可长期保存，液氮中存放3年毒力无明显下降。不耐光照，粪便中的病毒在阳光下6 h失去活性，紫外线能使病毒迅速灭活。病毒对漂白粉、氢氧化钠、甲醛、碘等多种消毒剂敏感。

二、流行病学

（一）传染源

病猪和带毒猪是本病的主要传染源。可通过呕吐物、粪便、乳汁、鼻液和呼吸的气体排出体内的病原体，病猪粪便排毒时间可达2个月之久，50％康复猪都可带毒排毒2～8周。

（二）传播途径

病原体主要通过消化道和呼吸道传染给易感猪群,其中消化道是主要途径。

（三）易感动物

各种年龄的猪对本病都易感,但以 10 日龄以内的仔猪发病率和病死率高。5 周龄后发病率降低,症状较轻微,死亡率很低。

（四）流行特点

本病发生和流行有明显的季节性,常流行于冬春寒冷季节。多呈地方性流行,新发病区可呈暴发性流行,传播极快,几天内可迅速蔓延全群,但一般 7 d 即可耐过。常与产毒素大肠杆菌、猪流行性腹泻病毒或轮状病毒发生混合感染。

三、临床症状

本病潜伏期短,传播迅速,2 ~ 3 d 内可蔓延至全群。

仔猪突然发生短暂的呕吐,接着发生剧烈腹泻,粪便水样,粪便中含有未消化的凝乳片,腥臭,粪便初期为灰白色,后呈黄绿色。日龄越小,病死率越高,多数仔猪常在症状出现后 2 ~ 7 d 死亡。

架仔猪、育肥猪和母猪仅在 1 ~ 2 d 内表现食欲不振和腹泻,出现呕吐、口渴、母猪泌乳停止。腹泻如水,呈灰白色,渐带黄色或绿色,持续 5 ~ 7 d 即停止,逐渐恢复食欲,粪便转为正常,很少发生死亡。

3 周龄以上仔猪大多能存活下来,可在愈后较长时间内生长发育不良。

四、病理变化

病死猪尸体肮脏、消瘦、脱水。病变主要在胃肠道,可见胃扩张充血、点状出血、胃肠腔内含有尚未消化的凝乳块。

五、诊断

根据流行病学、临床症状及病理变化,可做出初步诊断。确诊须进行实验室检查。

在诊断时注意与大肠杆菌病、猪流行性腹泻和轮状病毒病等区别。

六、防治

（一）预防

加强饲养管理,改善环境条件,做好产房和保育舍的保温工作。坚持自繁自养原则。在没发生过猪传染性胃肠炎的地区,引种时要从标准化程度高的种猪场引进,并严格执行隔离观察制度。秋末冬初进行猪传染性胃肠炎疫苗的免疫接种工作。

（二）治疗

猪传染性胃肠炎目前尚无特效药物治疗,只有对症治疗。

使用广谱抗生素以防止继发感染和合并感染,缩短病程。首选药物为硫酸卡那霉素,体重 15 kg 左右的病猪每次每头肌内注射 $5 \times 10^5 \sim 1 \times 10^6$ U。可给病猪肌内注射病毒灵、病毒唑、双黄连等抗病毒药物。对重症病猪可用硫酸阿托品注射控制腹泻,用量为 15 kg 左右病猪每次每头肌肉注射病毒灵 10 mL,阿托品 10 ~ 20 mg。

对失水过多的重症猪可自由饮服下列配方溶液:氯化钠 3.5 g,氯化钾 1.5 g,碳酸氢钠 2.5 g,葡萄糖 20 g,水 1 000 mL。另外,还可以腹腔注射一定量 5% 葡萄糖盐水加灭菌碳酸氢钠。

对于病情较重的猪,可将安维糖 50 ~ 200 mL,或 10% 葡萄糖 50 ~ 150 mL、维生素 C 10 ~ 20 mL、安钠咖 10 mL 混合,1 次静脉注射或腹腔注射。

第五节 猪丹毒

猪丹毒是由猪丹毒杆菌引起的一种急性、热性传染病。急性型呈败血症经过,亚急性型在皮肤上出现特异性紫红色疹块,慢性型常发生心内膜炎、关节炎和皮肤坏死。

一、病原特点

猪丹毒的病原为红斑丹毒丝菌,俗称丹毒杆菌,是一种纤细的革兰氏阳性小杆菌。

此菌对外界抵抗力很强,在盐腌或熏制的肉内能存活 3～4 个月,在掩埋的尸体内能活 7 个多月,在土壤内能存活 35 d。但对消毒药的抵抗力较弱,在 2% 甲醛、3% 来苏儿、1% 氢氧化钠、1% 漂白粉中都能很快被杀死。但对石炭酸和酒精不敏感。

二、流行病学

(一)传染源

病猪和带毒猪是主要的传染源。其中最重要的带菌者是猪,有35%～50% 健康猪扁桃体和淋巴结中存在猪丹毒杆菌。

(二)传播途径

猪丹毒主要因接触或采食污染的饮水、饲料、加工场废料经消化道感染。此外,损伤皮肤、吸血昆虫也可传播本病。

(三)易感动物

不同年龄的猪均有易感性,以 3 个月以上的架仔猪发病率最高,3 个月以下和 3 年以上的猪很少发病。牛、羊、马、鼠类、家禽及野鸟等也有发病报道,但非常少见。人类可因创伤感染发病。

（四）流行特点

本病一年四季均可发生,以炎热、多雨的夏季流行最盛,5～9月是流行高峰,多呈地方流行性或散发。寒冷、营养不良等环境和应激因素也影响猪的易感性。

三、临床症状

本病的潜伏期多为3～5 d,短的1～2 d,长的8 d以上。根据临床症状可分为3种类型。

（一）急性败血型

此类型见于流行初期,个别猪可能不表现症状而突然死亡,多数病例体温升高达42℃以上,食欲废绝,眼结膜充血,皮肤发红或有红斑,指压暂时褪色。病猪不愿走动,间或呕吐,打寒战,粪干硬,步态僵硬或跛行。哺乳仔猪和刚断奶小猪发生猪丹毒时往往有神经症状,抽搐,病程不超过1 d。

（二）亚急性疹块型

此类型的败血症症状轻微,其特征是在皮肤上出现疹块,病初食欲减退,精神不振,不愿走动,体温升高但很少超过42℃。在颈、背、肩及四肢外侧等部位皮肤出现菱形、方形或圆形等大小不等的疹块,先呈浅红,指压暂时褪色;后变为紫红,以至黑紫色,稍隆起,界限明显,俗称"鬼打印"或"打火印"。随着疹块的出现,体温下降,病情减轻,数天后疹块消退,形成干痂并脱落。病程1～2周。

（三）慢性型

慢性型由急性型或亚急性型转变而来,常见的有浆液性纤维素性关节炎、疣状心内膜炎和皮肤坏死3种类型。病猪食欲无明显变化,体温正常,但逐渐消瘦,生长发育不良。

1.关节炎型

病猪关节肿大、变形、疼痛,跛行,僵直。

2. 心内膜炎型

心内膜炎型主要表现为病猪心律不齐、心跳加快、呼吸困难、贫血。强迫快速行走时，可突然倒地死亡，病程数周至数月。

3. 皮肤坏死型

此类型常发生在病猪耳部、背部、肩部、尾尖等处，患部皮肤变成黑色，干硬，似皮革状。有时可在耳壳、尾尖和蹄部发生坏死。经 2～3 个月后坏死皮肤脱落，留下瘢痕。

四、病理变化

（一）急性败血型

病猪全身淋巴结肿大，呈紫红色，切面隆突，湿润多汁，有点状出血。脾脏充血肿大，呈樱桃红色，被膜紧张，边缘钝圆。胃、肠呈急性卡他性或出血性炎，尤以胃和十二指肠比较明显。肾脏充血肿大，呈紫红色。肺充血水肿。心包积液，心内外膜小点状出血。肝充血，呈红棕色。

（二）亚急性疹块型

此类型多呈良性经过，病猪内脏的变化与急性型病变相似，但程度较轻，其特征为皮肤的疹块。

（三）慢性型

在此类型中，病猪的慢性心内膜炎常发生于二尖瓣，其次是主动脉瓣、三尖瓣和肺动脉瓣。在瓣膜上有溃疡性或菜花样赘生物，牢固地附着于瓣膜上，使瓣膜变形。

慢性关节炎初期为浆液纤维素性关节炎，关节囊肿大变厚，充满大量浆液纤维素性渗出物，呈黄色或红色。后期滑膜增生肥厚，继而发生关节变形，成为死关节。

五、诊断

根据流行病学资料、临床症状和剖检病变，对亚急性疹块型及慢性型猪丹毒可做出诊断。急性败血型和可疑病猪可采病料（血液、肝、脾、肾、淋巴结等）进行细菌学检查。

诊断时应注意与猪瘟、猪链球菌病、最急性猪肺疫、急性猪副伤寒等病相区别。

六、防治

（一）预防

平时加强饲养管理,保持栏舍清洁,定期消毒。做好农贸市场、屠宰厂、交通运输检疫工作,对购入新猪隔离观察 21 d,健康后才可混群。同时做好免疫接种工作,种公、母猪每年春秋两次进行猪丹毒氢氧化铝甲醛苗免疫。

（二）治疗

首选药物为青霉素,对急性病例最好首先按 10 000U/kg 静脉注射,同时按常规量肌内注射青霉素,每天 2 次,直至体温和食欲恢复正常后 24 h,不宜停药过早,以防复发或转为慢性。此外,四环素、林可霉素、泰乐菌素等也有很好的疗效。

第六节　猪流行性腹泻

猪流行性腹泻是由猪流行性腹泻病毒引起的猪的一种急性、高度接触性肠道传染性疾病。临诊主要特征为病猪呕吐、下痢和脱水,可发生突然死亡。

一、病原特点

本病的病原为猪流行性腹泻病毒,但与传染性胃肠炎的病毒无抗原关系。该病毒对外界抵抗力弱,对乙醚、氯仿和去污剂敏感,一般消毒剂都可将其杀灭。

二、流行病学

（一）传染源

病猪和带毒猪是本病的传染源。它们通过粪便、唾液等排泄物、分泌物排出大量病毒，污染环境，易感猪通过摄入被污染的饲料和饮水等引起发病。

（二）传播途径

本病主要经消化道传染，也可经呼吸道传染给易感动物。

（三）易感动物

不同年龄、品种和性别的猪都能被感染发病，哺乳猪和架仔猪以及肥育猪的发病率通常为 100%，母猪为 15%～90%。

（四）流行特点

本病多在寒冷季节流行，也发生于夏季或春秋季节。

三、临床症状

本病的潜伏期为 5～8 d，主要症状为水样腹泻，易与传染性胃肠炎混淆。但本病传播较慢，需 1 个月左右才能波及所有猪群，持续腹泻 3～4 d 的哺乳仔猪可能出现死亡，死亡率为 50%～100%。

病猪体温正常或稍有升高，精神沉郁，食欲减退或废绝，断乳猪、育肥猪、母猪精神委顿，持续性腹泻 1 周后，逐渐恢复正常。死亡率为 1%～3%。

四、病理变化

病变在小肠。肠管膨满、扩张，含有大量黄色液体，肠壁变薄，小肠绒毛缩短。肠系膜淋巴结水肿。

五、诊断

根据流行病学、临床症状及病理变化不能确诊此病。因为猪传染性胃肠炎和流行性腹泻在流行病学、临床症状和病理变化上几乎无法区别，只是猪流行性腹泻的病死率比猪传染性胃肠炎稍低，在猪群中传播的速度也较缓慢些。因此，必须通过实验室检查才能确诊。

六、防治

（一）预防

我国已研制出的猪流行性腹泻病毒甲醛氢氧化铝灭活疫苗，保护率达85%，可用于预防本病。猪流行性腹泻病毒和猪传染性胃肠炎二联灭活苗，这种疫苗免疫妊娠母猪，仔猪可通过初乳获得保护。从免疫效果看，弱毒疫苗优于灭活疫苗。在发病猪场断奶时，免疫接种仔猪可降低这两种病的发生。对假定健康猪，做紧急免疫接种。

（二）治疗

本病用抗生素治疗无效，可参考猪传染性胃肠炎的防治办法。猪一旦发病，应为其提供充足的饮水。可对病猪静脉注射葡萄糖或5%碳酸氢钠溶液，可配合肌内注射氟苯尼考注射液联合黄芪多糖注射液。在本病流行地区可对怀孕母猪在分娩前2周，以病猪粪便或小肠内容物进行人工感染，以刺激其产生乳源抗体，以缩短本病在猪场中的流行。

第七节 猪水疱病

猪水疱病是由猪水疱病病毒引起的一种急性接触性传染病。其特征为猪蹄部、鼻盘、口腔黏膜以及乳房皮肤发生水疱。本病传播快，发病率高，人也可感染该病。

一、病原特点

猪水疱病的病原为猪水疱病病毒。该病毒对环境和消毒剂有较强的抵抗力,受时间和温度的影响较大,在被污染的猪舍,能存活 8 周以上。3% 氢氧化钠溶液于 33℃ 作用 24 h 能杀死水疱皮中的病毒,4% 甲醛溶液于 13 ~ 18℃ 60 min,1% 过氧乙酸 60 min,可杀死病毒。

二、流行病学

(一)传染源

患病的猪和隐性感染的猪是本病病原的主要携带者。人工接种实验证明,马、狗、海豹、灵长类动物也可感染本病。

(二)传播途径

已知猪水疱病是通过直接接触和污染物传播。

(三)易感动物

目前仅发现猪是唯一感染本病的家畜,其他动物的发病仅仅是通过人工接种的,实验手段获得的。任何年龄和品种猪都易感发病,病的传播十分迅速,常在 2 ~ 3 d 内使整个猪群感染。

(四)流行特点

本病一年四季均可发生。调动频繁、饲养密度大、环境潮湿、气温骤变时,发病数增多。

三、临床症状

本病的潜伏期一般为 2 ~ 7 d,病初猪体温升高至 41℃,有些猪突然出现跛行。在蹄冠、蹄叉、蹄踵出现水疱,水疱由米粒大至黄豆大,数目不等,随后融合在一起,充满透明的液体。经 1 ~ 2 d 破溃,形成溃疡面。病蹄局部有热痛,关节疼痛,病猪不愿站立、采食。若有细菌感染局部化脓严重可使蹄壳脱落,病猪趴卧。另外,有 5% ~ 10% 病猪的鼻盘、口腔黏膜、齿龈有水疱和溃疡。部分母猪乳房也有水疱出现,由于疼痛不愿给仔猪哺乳。怀孕母猪有流产现象,本病死亡率较低,一般经 10 ~ 15 d 可自愈恢复。

四、病理变化

本病内脏器官无肉眼可见的变化,只是在猪的蹄部、鼻盘、口腔黏膜、舌面和母猪的乳头周围出现大小不等的水疱,以及破溃后形成的溃疡灶。个别猪的心内膜上有条状出血斑。

五、诊断

根据发热、形成水疱、跛行和厌食等经常出现的症状和病变可做出初步诊断。临床上不易与水疱性口炎及口蹄疫做出鉴别诊断,只有通过实验室补体结合实验和血清中和实验、间接免疫荧光实验等来确诊。

六、防治

（一）预防

未发病地区,要特别重视检疫工作,不从疫区调入猪或猪肉产品等。利用屠宰下脚料和泔水喂猪,应煮沸消毒。受威胁区或疫区,可注射弱毒疫苗进行预防。平时应加强环境消毒,定期监测,严密监视疫情动向。

（二）扑灭

发现疫情后,上报有关主管部门,及时扑灭,病猪就地处理,对污染的场所、用具要严格消毒。疫区实行封锁,控制猪及猪产品出入疫区。猪水疱病病毒可以感染人,多发生于与病猪有接触的或从事本病研究的人员。人感染后表现不适,发热,腹泻,在指间、手掌或口唇出现大小不等的水疱,并可能有程度不同的中枢神经系统损害。从事本病研究的或有接触的人员,应注意自身防护,加强消毒和卫生防疫。

第八节　猪传染性萎缩性鼻炎

猪传染性萎缩性鼻炎是由产毒素多杀性巴氏杆菌单独或与支气管败血波氏杆菌引起的猪的一种慢性接触性呼吸道传染病。临床上以鼻甲骨萎缩为特征。

一、病原特点

本病的病原为支气管败血波氏杆菌和多杀性巴氏杆菌。支气管败血波氏杆菌对外界环境抵抗力弱,常用消毒剂即可达到消毒目的。多杀性巴氏杆菌能产生毒素,抵抗力不强,一般消毒剂均可将其杀死。

二、流行病学

（一）传染源

病猪和带菌猪是本病的主要传染源,人和其他动物也可带菌和传染本病。

（二）传播途径

本病主要是经病猪和带菌猪的鼻液、飞沫直接或间接传染。

（三）易感动物

任何年龄的猪都可感染本病,但以仔猪的易感性最高。

（四）流行特点

本病发病无明显的季节性,只要条件适宜,一年四季均可发生。

三、临床症状

病猪可长期呈亚临床感染,表现进行性消瘦、皮肤苍白、呼吸困难、厌食、精神沉郁、被毛蓬乱,有 20% 的猪出现黄疸症状,有时也可引起严重的临床疾病。病猪常因鼻炎刺激黏膜而表现不安,如摇头、拱地、搔抓或摩擦鼻部直至摩擦出血。发病严重猪群可见患猪两鼻孔出血不止,形成两条血线。圈栏、地面和墙壁上布满血迹。病猪吸气时鼻孔开张,发出鼾声,严重的张口呼吸。由于鼻泪管阻塞,泪液增多,在眼内眦下皮肤上形成弯月形的湿润区,被尘土黏结成黑色痕迹,称为"泪斑"。

四、病理变化

病变限于鼻腔和邻近组织,最有特征的变化是鼻腔的软骨和骨组织的软化和萎缩,主要是鼻甲骨萎缩,特别是鼻甲骨的下卷曲最为常见。进行病理解剖诊断时,可沿两侧第一、第二臼齿间的连线锯成横断面,然后观察鼻甲骨的形状和变化。正常的鼻甲骨分成上、下两个卷曲,整个鼻腔被上、下卷曲占据,上鼻道比下鼻道稍大,鼻中隔正直。当鼻甲骨萎缩时,卷曲变小而钝直,甚至消失,使鼻腔变成一个鼻道,鼻中隔弯曲,鼻黏膜常有黏液性或干酪样分泌物。

五、诊断

依据病猪频繁打喷嚏、吸气困难、鼻黏膜发炎、鼻出血、生长停滞和鼻面部变形易做出现场诊断。可用 X 射线和鼻腔镜检查作为辅助性诊断方法。实验室诊断包括:病理解剖学诊断依据鼻甲骨变化,进行观察和比较做出诊断;微生物学诊断;血清学诊断。此外,还有荧光抗体技术和PCR 技术诊断。

六、防治

（一）预防

加强饲养管理,改善环境条件,做好卫生防疫措施。不从疫区引进猪只,如需引进时,应进行隔离检疫,确定健康后方可混群饲养。流行地区可用猪萎缩性鼻炎油佐剂二联灭活苗进行预防接种。用法:初产母猪分娩前 4 周和 2 周各接种 1 次;经产母猪分娩前 2 ~ 4 周接种 1 次;仔猪7 ~ 10 日龄接种 1 次,间隔 2 ~ 3 周加强 1 次;种公猪每年接种 1 次。预防接种均采用肌内或皮下注射。

（二）治疗

支气管败血波氏杆菌和产毒素多杀性巴氏杆菌对磺胺类药物和多种抗菌药敏感,但由于到达鼻黏膜的药量有限,以及黏液对细菌的保护,难以彻底清除呼吸道内的细菌,因此要求用药剂量要足,持续时间要长些。

第八章　牛羊的传染病及防治

第一节　牛　瘟

牛瘟又名烂肠瘟、胆胀瘟,是由牛瘟病毒引起的牛的一种急性、热性、高度接触性传染病。临床特征表现为病牛体温升高,剧烈腹泻。病变特征是消化道黏膜的坏死性炎症。

一、病原特点

牛瘟的病原为牛瘟病毒。该病毒对外界的抵抗力弱,高温、日光(紫外线)、超声波、冻融、冻干等极易使该病毒失去活力。病牛分泌物、排泄物内的病毒一般可于 36 h 内死亡,存在于病牛皮张的病毒在日光下暴晒 48 h 后被灭活。多种消毒剂都容易将其杀灭,1% 氢氧化钠 1 ~ 5 min 内可将其灭活,2% ~ 5% 石炭酸、2% ~ 3% 克辽林、5% 来苏儿等均能将其灭活。

二、流行病学

（一）传染源

本病的传染源主要是病牛和带毒牛。

（二）传播途径

本病主要通过消化道传播,也可通过呼吸道飞沫传播或吸血昆虫机械性传播。

（三）易感动物

各种牛均可感染。其中以奶牛最易感,水牛和黄牛次之。绵羊、山羊、骆驼和鹿等也有易感性。猪对该病也有一定的易感性。

（四）流行特点

本病具有明显的季节性,多发生于冬季12月份到次年的4月份。

三、临床症状

本病的潜伏期一般为3～9 d,多为4～6 d,最长2周左右。病牛体温升高达41～42℃,持续3～5 d。精神沉郁,食欲废绝,反刍停止。眼结膜潮红,眼睑肿胀,眼分泌物初为浆液性,渐变为黏性或黏脓性。鼻液由无色黏液渐变为灰色或棕色脓样,有恶臭异味,鼻镜干燥、发热、龟裂,其上附有棕黄色痂皮,脱落后露出红色易出血的糜烂面。唾液增加并夹杂有气泡,间或混有血丝。高热期间口腔黏膜充血,下唇和齿龈等处出现灰色或灰白色粟粒状小点,初坚硬而后渐变为水疱而破溃糜烂,最后融合成地图样浅表的糜烂斑或变为深层溃疡。此外,鼻孔、阴门和阴道以及阴茎的包皮鞘等处也可见明显的坏死变化。

病牛体温下降后出现严重腹泻,粪便恶臭,带有黏液、血液和上皮碎屑。尿频,尿液呈黄红色至黑红色。怀孕母牛常流产,阴户红肿,从阴道流出黏性或黏脓性分泌物,有时混有血液。乳房松软,产奶量减少,乳汁稀如水且呈黄色,或停止泌乳。

四、病理变化

消化道黏膜出现炎症和坏死,特别是口腔、皱胃和大肠黏膜的损害最为显著并具有特征性。口腔黏膜的上下唇内侧面、齿龈、颊和舌的腹面、硬腭和咽部等处有硬的灰黄色小结节,随后结节处形成底部粗糙呈红色的糜烂区。皱胃黏膜损伤以幽门部位最严重,胃黏膜肿胀、增厚,布满鲜红色或暗红色的斑点和条纹,胃壁有形状不规则的烂斑和溃疡。盲肠皱褶处的顶端黏膜呈鲜红色弥漫性出血,形成牛瘟特征性的斑马状条纹。盲肠与结肠连接部的病变也很显著,肠壁极度充血、出血、水肿和增厚,严重时黏膜糜烂,淋巴滤泡坏死。全身淋巴结充血肿大。脾脏肿大。肝脏无明显病变,偶有充血。心内、外膜常有点状出血。

五、诊断

根据流行病学、临床症状和剖检变化可做出初步诊断,确诊需要进行实验室检查。

本病应与口蹄疫、牛病毒性腹泻、牛蓝舌病、牛恶性卡他热、水疱性口炎等病相区别。

六、防治

主要应加强口岸检疫,禁止从有疫病国家或地区进口易感动物及动物产品,发现本病时应立即上报,做好封锁、检疫、隔离、消毒、扑杀患病动物以及无害化处理等工作,以上是防止该病引入和发生的重要措施。

第二节　牛海绵状脑病

牛海绵状脑病俗称"疯牛病",是一种类似脑病毒感染的传染病。以潜伏期长、病情逐渐加重、终归死亡为特征。

一、病原特点

本病的病原属于亚病毒因子的成员,是一种无核酸的蛋白性侵染颗粒(简称朊毒体,曾称朊病毒)。

朊毒体与传统的其他病原体不同,对高温的抵抗力很强,360℃干热条件下可存活 1 h,对紫外线和离子射线照射都有很强的抵抗力,乙醇、过氧化氢、酚类(石炭酸、来苏儿、六氯酚等)和甲醛等消毒剂不能将其灭活。对 5% 次氯酸钠、4% 氢氧化钠溶液等敏感,焚烧是最可靠的杀灭办法。

二、流行病学

（一）传染源

本病的传染源为病牛及其他被感染动物。

（二）传播途径

本病主要通过带有传染性因子的牛、羊肉骨粉经消化道传染。

（三）易感动物

本病多发生于 3～5 岁的成年牛，病牛发病最早的年龄为 22 月龄，最晚到 17 岁。本病经脑内和静脉注射可使小鼠、牛、绵羊、山羊、猪和水貂感染，经口感染可使绵羊和山羊发病。人通过摄入被病原因子污染的食品而感染。

（四）流行特点

本病发病缓慢，造成奶牛体重下降，产奶量减少及最终死亡。

三、临床症状

本病潜伏期长达 4～5 年，难以在早期发现。染病的牛，脑组织会出现许多小空洞，状如海绵，导致病牛大脑功能退化、神经错乱、肌肉震颤、烦躁不安、好斗。继而病牛无法控制自己的动作，活动失去平衡。病程一般 2 周左右，也有长达 6 个月。一旦发病，无法医治，很快死亡。

人被感染后，潜伏期可长达 10～50 年，其间本人虽无发病症状，但却可经上述途径传染他人，发生新变异克雅氏病，患者因脑组织遭到破坏而痴呆，神经错乱，瘫痪，最终导致死亡。

四、病理变化

本病通常无明显的肉眼变化，但组织学变化为脑组织出现海绵状变化，具有明显的特征性。

五、诊断

依靠临床症状和病理组织学方法检查病牛尸体脑部病变进行确诊。

临床上应区别于低镁血症、神经性酮病、李氏杆菌病、狂犬病、伪狂犬病及中枢神经系统肿瘤等。

六、防治

本病目前尚无特效药物。鉴于本病危害严重且难以治疗,需要针对其传播途径,要求各相关部门仔细查找和消除有可能导致该病传入的隐患,积极采取预防措施。预防本病要多方严加防范,禁止进口和销售牛、羊的脑及神经组织、内脏、胎盘和血液等动物源性原料,对所有来自疫区的牛、羊动物源性原料及制品都应从市场上全部召回。有专家指出,尽管目前尚未发现牛奶会传播该病,但为了我国人民的安全,最好不要进口疫区生产的牛奶及牛奶制品。

第三节　牛病毒性腹泻

牛病毒性腹泻是由牛病毒性腹泻病毒引起牛的一种接触性传染病。临床特征为发热,流鼻液,咳嗽,腹泻,消瘦,白细胞减少,消化道黏膜和鼻黏膜发生糜烂和溃疡,淋巴组织损伤。

一、病原特点

本病的病原为牛病毒性腹泻病毒。该病毒与猪瘟病毒及羊边界病病毒有密切关系。

牛病毒性腹泻病毒对热敏感,在 56℃下可被灭活,在低温下稳定,真空冻干的病毒在 –70 ～ –60℃可保存多年。对乙醚、氯仿、胰酶、pH 3 条件敏感。

二、流行病学

（一）传染源

本病的传染源主要是患病动物及带毒动物。康复牛可以带毒并能不断排毒 200 余天。

（二）传播途径

本病主要通过消化道和呼吸道传染,也可通过胎盘感染。

（三）易感动物

各种牛均易感,尤其是黄牛和奶牛,羊、猪、鹿及小袋鼠等动物也可感染。

（四）流行特点

本病常年发生,但以冬春多发。呈地方流行性,在封闭式牛群中可呈暴发式流行。犊牛发病率和病死率高。在疫区,牛群中只见散发病例,大多数呈隐性感染。

三、临床症状

病牛突然发病,体温升高,稽留 4～7 d,有的体温第二次升高。鼻镜、口腔黏膜表面糜烂,流涎,有恶臭。紧接着出现严重腹泻,开始水泻,后带黏液和血液。病程为 1～2 周,少数可达 1 个月,预后不良,多以死亡为转归。

四、病理变化

病牛的鼻镜、鼻孔黏膜、齿龈、上腭、舌面两侧及颊部黏膜有糜烂及浅溃疡,严重病例在咽、喉头黏膜有溃疡及弥漫性坏死。食道黏膜出血呈直线排列。第四胃炎性水肿和糜烂,肠淋巴结肿大。

五、诊断

根据流行病学资料、临床症状和特征性病变可做出初步诊断。确诊需要进行实验室检查。

临床上应区别于牛瘟、口蹄疫、恶性卡他热、牛传染性鼻气管炎、传染性水疱性口炎、蓝舌病、牛丘疹性口炎、坏死性口炎等病。

六、防治

目前尚无有效疗法。应用收敛剂和补液疗法可缩短恢复期,减少损失。用抗生素和磺胺类药,可减少继发感染。

第四节　牛流行热

牛流行热又称为三日热、暂时热,是由牛流行热病毒引起的牛的一种急性、热性、全身性传染病。其特征为病牛突然高热,流泪,流涎,鼻漏,呼吸促迫,后躯僵硬,跛行。发病率高,但死亡率低。

一、病原特点

本病的病原为牛流行热病毒,病毒粒子呈子弹状或圆锥状,其核酸结构为 RNA。

该病毒对外界环境的抵抗力不强,不耐酸、不耐碱、不抗高温,对乙醚、氯仿和去氧胆酸盐等脂溶剂敏感,但耐低温,−70℃下可长期保持毒力。

二、流行病学

（一）传染源

本病的传染源主要是病牛。蚊、库蠓、蝇等吸血昆虫对此病具有很强的传播和扩散能力。

（二）传播途径

本病主要通过吸血昆虫叮咬而传播。

（三）易感动物

本病主要侵害奶牛和黄牛,水牛较少感染,羚羊和绵羊也可感染。以 3 ～ 5 岁牛多发,犊牛和 9 岁以上牛少发。

（四）流行特点

本病具有明显的季节性,一般在蚊虫多的季节流行。本病的传染力强,传播迅速,一般呈流行性或大流行性,有明显的周期性。

三、临床症状

本病的潜伏期一般为 2～6 d。病牛突然发病,病初高热达 40～42℃,稽留 1～3 d。病牛精神沉郁,被毛逆立,皮温不整,恶寒战栗、食欲减少或厌食,反刍停止。咳嗽,呼吸急促,每分钟 40～140 次。病牛发生呼吸困难时鼻孔开张,伸颈张口,舌伸口外,大量流涎,气喘声似拉风箱。心跳每分钟 70～110 次,鼻镜干热,鼻黏膜潮红,鼻漏浆液,两眼红赤,眼结膜充血,畏光流泪。粪便初干,含有黏液,病情加重时剧烈腹泻,粪中混有黏液,有时带血。乳牛泌乳量下降。个别牛瘤胃臌气。病牛关节肿痛,单肢或双肢僵硬,跛行。严重时病牛呼吸困难,常引起鼻喉卡他性炎和肺间质气肿。乳牛病后期伴有继发性咽喉麻痹、肺炎或败血症而死亡。

四、病理变化

病理变化主要是肺充血、水肿和肺间质性气肿。在肺的尖叶、心叶、膈叶前可见暗红色的小叶性肝变区。气管内积有多量的泡沫状黏液,黏膜呈弥漫性充血变红。全身淋巴结肿大、充血或出血。胸部、颈部和臀部肌肉间有出血斑点。各实质器官混浊肿胀,心内膜及冠状沟脂肪有出血点。

五、诊断

根据流行特点和临床症状可做出判断。
鉴别诊断时本病应与蓝舌病、牛传染性鼻气管炎加以区别。

六、防治

（一）预防

平时应加强饲养管理,搞好栏舍卫生,并经常消毒。疏散养牧,注意牛栏保暖,防止牛受寒受湿。疫病流行期禁止移动调运。若发现病牛及时隔离,进行药物治疗,并多供应温热水。

（二）治疗

本病一般为良性经过,可采取对症治疗及加强护理,如解热、补糖、补液等。

病牛有脱水症状时，可对其静脉注射生理盐水 2 000 ～ 3 000 mL。

对重病牛在加强护理的同时，可采取综合疗法：解热、强心、补液、利尿、消炎。可用 10% 磺胺嘧啶钠 300 mL 和 5% 葡萄糖液 1 000 mL，一次静脉注射；或用金刚烷胺片 0.9 g，每日 2 次口服；10% 水杨酸钠液 100 mL，40% 乌洛托品注射液 40 mL，10% 安钠加 10 mL，一次静脉注射，每日 2 次。

当病牛四肢疼痛，严重跛行，或瘫痪卧地不起时，可对其静脉注射 10% 氯化钙 100 mL 和 10% 水杨酸钠 100 mL。也可用安痛定 10 ～ 20 mL，或安乃近 10 ～ 20 mL，或氨基比林 20 ～ 50 mL，一次肌内注射，连用 3 日，解热镇痛效果良好。

第五节　牛传染性鼻气管炎

牛传染性鼻气管炎又称为"坏死性鼻炎"，是由一种疱疹病毒引起的牛的呼吸道黏膜发炎、水肿、出血和坏死，并形成烂斑的急性呼吸道传染病。临诊特征是上呼吸道及气管黏膜炎症，出现发热、咳嗽、流鼻液和呼吸困难等症状，还可引起结膜炎、脑膜脑炎、肠炎、疱疹性外阴—阴道炎、流产和龟头—包皮炎等。

一、病原特点

本病的病原为传染性牛鼻气管炎病毒。可在牛肾、牛胎肾、猪肾、羊肾及马肾细胞上生长，并可发生细胞病变，均产生核内包涵体。

该病毒对外界环境抵抗力较弱。用乙醚、丙酮、酒精、酸及紫外线照射均能很快使之灭活。对热较敏感，在 37℃半衰期为 10 h。在 pH 6 ～ 9 下非常稳定，但在酸性环境（pH 4.5 ～ 5）下极不稳定。

二、流行病学

（一）传染源

本病的传染源主要是病牛和带毒牛。

（二）传播途径

本病通过媒介物经呼吸道以及直接接触感染,也能经胎盘感染。

（三）易感动物

各种年龄及不同品种的牛均可感染,其中以 20 ～ 60 日龄的犊牛最为易感,山羊和猪也能感染。

（四）流行特点

该病多发于秋季和寒冷的冬季,在过分拥挤、密切接触时更易迅速传播。

三、临床症状

牛感染病毒后,潜伏期为 5 ～ 7 d。根据临床症状可分为 4 种类型。

（一）呼吸型

呼吸型为最主要的一种类型。牛突然精神沉郁,体温升至 40 ～ 42℃,鼻镜、鼻腔黏膜发炎渐红,故又称为"红鼻子"病。上呼吸道症状为咳嗽、流鼻涕、流涎、流泪,偶有喉水肿及继发性肺炎。病程为 7 ～ 10 d。病牛呼吸加快,气管呼吸音粗厉,最后可因窒息而死亡。乳牛泌乳量减少或停止泌乳。有时可见到出血性下痢。孕乳牛恢复后 3 ～ 6 周内可发生流产。

（二）生殖器型

生殖器型又称为传染性脓疱阴道炎。病牛尾巴竖起并挥动,频频排尿,阴户水肿,外阴充血,流出黏稠的恶臭分泌物。阴道黏膜红肿及有灰白色的小脓疱,最后融合形成灰色坏死膜。病程为 3 ～ 8 周。往往引起子宫内膜炎,体温在早期有轻度升高,母牛久配不孕。公牛发生龟头—包皮炎,阴茎水肿,并出现脓疱。

（三）流产型

流产常见于第 1 胎母牛怀孕期的任何阶段,有时也见于经产母牛。

病毒由呼吸道进入血液,再由血流进入胎膜,胎儿感染而流产。胎儿感染后 7～10 d 发生死亡,随之排出体外。

（四）脑炎型

脑炎型多发生于青年牛及 6 月龄内的牛犊,发病率低。病牛病初发热至 40℃以上,减食,鼻黏膜潮红,流浆液型鼻液,流泪,流涎。有的出现神经症状,表现出感觉和运动失常,共济失调和精神抑制,随后出现疯狂兴奋、口吐泡沫、惊厥,最后倒卧,角弓反张,四肢搐搦,磨齿。有的呈现肌肉震颤、痉挛、失明或转圈、左右乱撞等。病程较短,通常死亡。

四、病理变化

（一）呼吸道型

其呼吸道黏膜有明显炎症,有糜烂,覆有灰色、恶臭、脓性渗出物,严重病例有化脓性肺炎,脾内有脓肿。

（二）生殖道型

其阴道黏膜潮红,有脓疱,有多量脓性渗出物。

（三）流产型

胎儿出现自溶,脾脏有局部坏死。

（四）脑炎型

有非化脓型脑炎病变。尸体剖检时,在鼻道和气管中有纤维蛋白性渗出物。

五、诊断

根据病史和牛突然发生上呼吸道炎症及发热、流产、结膜炎等不同症状和剖检病变,可做出初步诊断。但确诊须做病毒的分离鉴定。

六、防治

（一）预防

病愈牛能获得终生免疫,因此皮下或肌内注射病愈牛的血液有保护作用,牛犊吃母牛初乳也可获得 2～4 个月的被动免疫力。平时,应坚持牛群的自繁自养,引进牛和牛精液时,需要做全面而系统的检疫,对引入的牛需要隔离检疫 90 d,确定健康无病后,方可入群或使用。同时应定期检疫,发现病牛及时隔离。

（二）治疗

本病目前尚无特效药物治疗。使用广谱抗生素可防止病牛在发病期间继发细菌性肺炎,一般预后良好,7～10 d 即可恢复。对生殖道型感染性病牛,可局部使用抗生素软膏,以减少后遗症。

第六节　绵羊痒病

绵羊痒病又称为慢性传染性脑膜炎,是由一种蛋白侵染因子引起的主要发生于成年绵羊和山羊的一种慢性退行性的中枢神经系统疾病。临床特征为潜伏期长、剧痒、进行性的运动失调、衰弱、麻痹和病死率高。

一、病原特点

本病的病原为亚病毒因子,或称朊毒体,曾称朊病毒。朊毒体对外界理化因素具有很强的抵抗力。能耐受高温、甲醛等。在 pH 2.5～10 酸碱溶液中稳定。用胃蛋白酶和胰蛋白酶消化及紫外线照射不能完全灭活。但对氯仿、乙醚、高碘酸钠和氯酸钠敏感。

二、流行病学

（一）传染源

本病的传染源主要是病羊和带有病原体的羊。

（二）传播途径

本病可通过直接接触和间接接触感染，也可通过胎盘垂直传播。

（三）易感动物

不同品种、性别的绵羊和山羊均可感染，尤其是绵羊和羔羊易感，以 2～4 岁的羊多发。

（四）流行特点

本病通常发生于病羊污染牧地中放牧的羊群，传播缓慢，一般呈散发，发病无明显的季节性。

三、临床症状

自然感染的潜伏期为 1～4 年或更长，人工感染为 0.5～1 年。病初可见病羊感觉过敏、不安、打战、举头。多数病羊在出现神经症状的同时，表现奇痒而啃咬尾根、臀部、股部和前腿或在固定物上摩擦发痒的患部。病羊不能跳跃，时常反复跌倒。经过 1～2 个月后，病羊表现共济失调，后肢软弱，伸颈低头，驱赶时呈"驴跑"或"雄鸡步"姿势，站立时关节屈曲或用膝跪地，后期后躯麻痹，卧地不起，消瘦和虚弱衰竭而死亡。整个病程照常采食，体温正常。病程数周或数月。

四、病理变化

本病除羊尸体消瘦和皮肤损伤外没有肉眼可见的病变。

五、诊断

根据本病流行特点、典型症状和病变，可做出诊断。
鉴别诊断本病应与梅迪病、维斯纳病、羊螨病等加以区别。

六、防治

本病至今尚无有效疫苗，各种药物治疗无效。根本措施是严禁从有痒病的国家和地区进口羊只、精液、胚胎以及反刍动物蛋白饲料。

一旦发病,对发病羊群进行扑杀,采取隔离、封锁、消毒等措施,并进行疫情监测。

第七节 羊梭菌性疾病——羊快疫、羊肠毒血症、羊猝疽

羊梭菌性疾病是由梭状芽孢杆菌引起羊的一类传染病,包括羊快疫、羊肠毒血症、羊猝疽、羊黑疫、羔羊痢疾等,其特点是发病快、病程短、死亡率高。

本类病的病原广泛分布于世界各地,临床上有许多相似之处,容易混淆,对羊的危害很大。

一、羊快疫

（一）病原特点

羊快疫的病原为腐败梭菌,是革兰氏染色阳性的厌气大杆菌。病羊血液和脏器涂片,可见单个或 2 ～ 5 个菌体粗的大杆菌,有时则呈无节的长丝状。本菌可产生多种毒素。在动物体内外均能产生芽孢,不形成荚膜。一般要使用强力消毒药如 20% 漂白粉,3% ～ 5% 氢氧化钠等才能进行消毒。

（二）流行病学

腐败梭菌常以芽孢形式分布于自然界,许多羊的消化道平时就有这种细菌存在,但并不发病。当存在不良的外界诱因,特别是在秋、冬和初春气候骤变、阴雨连绵之际,羊只受寒感冒或采食了冰冻带霜的草料,机体遭受刺激抵抗力降低时,腐败梭菌即大量繁殖产生外毒素,引起羊急性发病而死亡。本病主要发生于绵羊,发病年龄多在 6 ～ 18 月龄,山羊和鹿也可感染。该病通常具有明显的地方性特点,以散发为主。

（三）临床症状

病羊突然死亡,来不及表现症状,常死于牧场放牧时,或早晨被发现死于羊圈内。其他病羊表现离群,卧地,虚弱,行走困难,运动失调,腹胀,腹痛,腹泻,体温有的正常,有的升高。病羊最后极度衰竭而昏迷,出现磨

牙抽搐,口吐泡沫,经数分钟至几小时死亡。很少有耐过者。

（四）病理变化

剖检病死羊的病变,可见刚死的羊真胃有出血性炎症变化,胃底部及幽门附近的黏膜常有略低于周围正常黏膜的出血斑块和坏死区。黏膜下组织水肿,胸、腹腔及心包积液,心的内、外膜和肠道有出血点,胆囊多肿胀。

（五）诊断

根据流行病学、临床特点和病理变化特征可做出初步诊断。确诊须进行实验室检查。临床上本类病除需要相互间区别外,还要与炭疽、巴氏杆菌病等区别。

（六）防治

平时应加强饲养管理,搞好环境卫生,尽可能避免诱发疾病的因素。由于致病梭菌在自然界广泛存在,羊被感染的机会多,且发病快、病程短,有的来不及诊断和治疗,因此预防接种是非常重要的措施。常用的疫苗主要有:单菌苗、二联苗(羊黑疫、羊快疫)、三联苗(羊快疫、羊猝狙、羊肠毒血症)、四联苗(羊肠毒血症、羊快疫、羊猝狙、羔羊痢疾)、七联苗(羊肠毒血症、羊快疫、羊猝狙、羊黑疫、羔羊痢疾、羊肉毒梭菌中毒和羊破伤风)等。

二、羊肠毒血症

羊肠毒血症是主要发生于绵羊的一种急性毒血症,是 D 型魏氏梭菌在羊肠道中大量繁殖,产生毒素所致。羊死后肾组织易于软化,因此又常称此病为软肾病。

（一）病原特点

羊肠毒血症的病原为 D 型魏氏梭菌,革兰氏染色阳性,为厌气粗大杆菌,不能运动,在动物体内形成荚膜,能产生芽孢,故又称为产气荚膜杆菌,可产生 α、β、ε 等各种肠毒素,具有坏死和致死作用,可导致全身性毒血症。一般消毒药可杀死本菌繁殖体。繁殖体在干燥土壤中存活 10 d,潮湿土壤中存活 35 d,干燥粪中存活 3 d。芽孢抵抗力则较强,在土壤中可存活 4 年。

（二）流行病学

本病以绵羊最易感,山羊次之。2～12 月龄羊最易发病。发病羊多为膘情较好的。具有明显的季节性和条件性,多为散发。在牧区多发于春末夏初青草萌发和秋季牧草结籽的一段时间；在农区,则常常是在收菜季节,羊食入多量的菜根、菜叶,或收了庄稼后羊群抢食大量谷类的时候发病。

（三）临床症状

病羊突然发病死亡,很少能见到症状。有的以抽搐为特征,在死前出现肌肉震颤,磨牙,流涎,倒地抽搐,角弓反张,腹泻,哀鸣而死。有的以昏迷和安静地死亡为特征,初期表现步态不稳,后倒地不能站立,呼吸促迫,口鼻流出泡沫,心动过速,角膜反射消失,昏迷而死。病程多为 2～4 h。

（四）病理变化

剖检病死羊的病变,可见肾脏表面充血,实质松软,呈不定型的软泥状(一般认为是死后的变化)。肝脏肿大、充血、质脆,胆囊肿大 1～3 倍,充满胆汁。小肠黏膜充血、出血,严重的整个肠壁呈血红色或有溃疡。全身淋巴结肿大、充血,切面黑褐色。体腔积液,心外膜有出血点。

（五）诊断

由于病程短促,生前确认较难。剖检见软肾,体腔积液,小肠黏膜严重出血等特征,可做出初步诊断,但确诊还须进行实验室检验。

（六）防治

当羊群中出现本病时,可立即搬圈,转移到干燥的地区放牧。在常发地区,应定期注射疫苗。

三、羊猝疽

羊猝疽是由 C 型产气荚膜梭菌引起的羊的一种急性毒血症。临床特征是急性死亡,腹膜炎和溃疡性肠炎。

（一）病原特点

羊猝疽的病原为 C 型魏氏梭菌。主要特性参照羊肠毒血症的病原特性。

（二）流行病学

各种年龄、品种、性别的羊都可感染发病,以绵羊多发,特别是 6 个月至 2 岁的羊发病率高。本病多发于冬春季节,天气骤变、采食带露水或雪水的牧草、寄生虫的侵袭等都可诱发本病。

（三）临床症状

病羊死亡突然,来不及表现症状,常次日早晨死于羊圈内。病程稍缓的病羊表现离群,卧地,虚弱,行走困难,运动失调,腹胀,腹痛,腹泻,体温有的正常,有的升高。最后极度衰竭而昏迷,出现磨牙抽搐,口吐泡沫,经数分钟至几小时死亡。很少有耐过者。

（四）病理变化

剖检病死羊的病变,可见十二指肠和空肠黏膜严重充血糜烂,个别区段有大小不等的溃疡灶。常在死后 8 h 内,由于细菌的增殖,于骨骼肌间积聚有血样液体,肌肉出血,有气性裂孔。

（五）诊断

本病的确诊,除根据临床症状和剖检外,还须进行实验室诊断。

（六）防治

可参照羊快疫和羊肠毒血症的防治措施进行预防和治疗。

第九章 家禽的传染病及防治

第一节 鸡新城疫

鸡新城疫又称为亚洲鸡瘟,是一种急性、高度接触性传染病。典型鸡新城疫特征为鸡发病急,呼吸困难,头冠紫黑,下痢,泄殖腔出血、坏死,腺胃乳头、腺胃和肌胃交界处以及十二指肠出血。慢性病例常有呼吸道症状或神经症状。

一、病原特点

本病的病原为鸡新城疫病毒。能凝集多种动物的红细胞。在脑、脾、肺中的含量最高,以骨髓含病毒的时间最长。

该病毒的抵抗力不强,易被高温、干燥、日光和一般消毒剂杀死。但对低温有很强的抵抗力,在 –10℃可存活 10 年。在 pH 3 ～ 10 不被破坏。

二、流行病学

（一）传染源

本病的传染源是病鸡和带毒鸡。受感染鸡在未出现症状前一天就可排毒,病愈后的 5 ～ 7 d 仍在排毒。有些鸟类可成为隐性带毒者。

（二）传播途径

本病的传播途径主要是呼吸道和消化道,也可经创伤、交配和孵化而传播。

（三）易感动物

鸡、野鸡、火鸡、珍珠鸡及鹌鹑等对本病都有易感性,其中以鸡最易感,其次是野鸡。幼雏和中雏比老龄鸡易感性高,死亡率也高。水禽如鸭、鹅等也能感染本病。

（四）流行特点

本病一年四季均可发生,但以春、秋两季较多。鸡场内的鸡一旦发生本病,可于 4 ～ 5 d 内波及全群。

三、临床症状

本病的潜伏期一般为 3 ～ 5 d,人工感染潜伏期为 36 ～ 72 h。根据临床表现和病程的长短,可分为最急性型、急性型、亚急性型或慢性型和非典型新城疫。

（一）最急性型

此类型多见于流行早期雏鸡,个别雏鸡突然发病死亡,不表现明显症状。

（二）急性型

急性型是最常见的一种。病鸡体温高达 43 ～ 44℃,精神委顿,减食或食欲废绝,饮欲增加,羽毛蓬松,低头垂翅,眼半闭或全闭,冠和肉髯呈紫色,呼吸困难,张口呼吸,发出"呼噜"声或"咯喽"声,鼻腔、口腔和嗉囊内有多量黏液并从口中流出,常做甩头或吞咽动作,排黄色或黄绿色稀粪,眼结膜充血、出血或坏死,眼周围及头部水肿,可见有腿鳞出血症状。有的出现神经症状。病程一般为 2 ～ 5 d,死亡率达 90% 以上。

（三）亚急性型或慢性型

此类型大多数由急性型转变而来,见于流行后期,与急性型相似但较轻微,表现神经症状较多。病鸡可部分康复,有的经 5 ～ 10 d 死亡。

（四）非典型新城疫

非典型新城疫是具备一定免疫水平的鸡群遭受强毒攻击时发生的一种特殊表现形式。其特点是：多发生于有一定抗体水平免疫鸡群，病鸡张口呼吸，有"呼噜"声，咳嗽，口流黏液，排黄绿色稀粪，继而出现歪头，仰面观星症状，成鸡主要表现产蛋量下降、呼吸道症状及排黄绿色稀粪症状。

四、病理变化

主要病变是全身黏膜和浆膜出血，尤其以消化道和呼吸道明显。

（一）最急性型

此类型病变轻微，只在胸骨内面及心外膜等处有少数出血点或斑。

（二）急性型

此类型具有特征性病变。腺胃乳头出血、坏死和溃疡。气管、喉头、心脏冠状沟和腹部脂肪等处有小出血点或斑。小肠前段、盲肠及直肠黏膜出血，病程长者可见肠道黏膜有枣核状溃疡。盲肠、扁桃体肿大、出血和溃疡。泄殖腔黏膜充血、出血。肺可见淤血和水肿。输卵管和卵泡充血、出血。

（三）亚急性型或慢性型

在此类型中病鸡直肠黏膜的皱褶呈条状出血，有的在直肠黏膜可见黄色纤维素性坏死灶。脑膜充血和出血。

（四）非典型新城疫

此类型症状不是很典型，仅表现呼吸道和神经症状，当呼吸道症状趋于减轻时，少数病鸡遗留头颈扭曲。产蛋鸡感染，出现轻微的呼吸道症状，产蛋量下降 40%～60%，严重者可下降 90% 左右，种蛋受精率和孵化率也随之下降，但很少会引起死亡率增加的现象。

五、诊断

对于典型鸡新城疫一般根据鸡群免疫接种情况、发病经过、临床症状和病理变化特征可做出初步诊断。确诊应借助实验室手段,如病毒分离鉴定和血清型检验。

六、防治

对该病的防治应按农业部《新城疫防治技术规范》采取综合性措施。制定合理的适合本场的最佳免疫程序进行预防接种,疫苗有新城疫Ⅰ系苗、Ⅱ系苗、Ⅳ系苗(Lasota系)、Clone-30苗等。其次,建立全进全出和封闭式的饲养制度,做好平时的卫生防疫工作和开展经常性的消毒。同时,加强检疫和建立免疫监测等工作。

一旦发生新城疫,扑杀所有的病禽和同群禽,深埋或焚烧尸体,对污染物进行无害化处理,对受污染的用具、物品和环境要彻底消毒。对疫区、受威胁区的健康鸡立即用新城疫Ⅳ系苗(Lasota)、Clone-30苗或Ⅰ系苗进行紧急接种,2～4头份/只。可对发病禽群投服多种维生素和适当的抗生素,增强抵抗力,控制细菌继发感染。

第二节　鸡马立克氏病

鸡马立克氏病又名神经淋巴瘤病,是由马立克氏病病毒引起的鸡和火鸡的一种淋巴组织增生性恶性肿瘤病,临诊特征为病鸡的外周神经、性腺、虹膜、各种脏器、肌肉和皮肤等部位的单核细胞浸润和形成肿瘤病灶。

一、病原特点

本病的病原为马立克氏病病毒,分3个血清型:Ⅰ型为致瘤型毒株,各毒株之间存在显著的毒力差异,从近乎无毒、弱毒、强毒到超强毒,而且能不断演变;Ⅱ型为不致瘤型自然弱毒株,对鸡无致病性;Ⅲ型为火鸡疱疹病毒,对鸡无致病性,可使鸡有良好的抵抗力。3种血清型之间存在一定程度的交叉保护力。

马立克氏病病毒对环境有很强的抵抗力,在常温下可存活几个月至数年,但常规消毒药可以将其灭活。

二、流行病学

（一）传染源

病鸡和带毒鸡是主要传染源。存在于羽髓中的马立克氏病病毒具有很强的感染力,带毒鸡舍的皮屑、羽毛、尘埃、工作人员、衣服、鞋帽、笼具、车辆等均可成为传播媒介。

（二）传播途径

消化道和呼吸道是本病最主要的传播途径。

（三）易感动物

鸡、雉鸡、鹌鹑和火鸡均可感染,日龄越小越易感,母鸡比公鸡发病率高,不同品种或品系的鸡易感性也不同（泰和、狼山、三黄和北京油鸡等高度易感）,乌鸡发病严重。

（四）流行特点

1日龄雏鸡最易感染,多在2～5月龄出现症状,感染率高,而发病率从5%～30%不等。孵房污染能使刚出壳雏鸡的被感染概率明显增加。免疫抑制性疾病、寄生虫病的混合感染,可增加该病的发生和严重程度。

三、临床症状

本病的潜伏期短的为3～4周,长的几个月。根据症状和病变发生的主要部位,可将鸡马立克氏病分为神经型（古典型）、内脏型（急性型）、眼型、皮肤型和混合型5种类型。

（一）神经型

患此类型马立克氏病的鸡,臂神经受侵害时则被侵侧翅膀下垂;坐骨神经受损则呈一腿伸向前方另一腿伸向后方的特征性"劈叉"姿态;颈部神经受侵害时,头下垂或头颈歪斜;迷走神经受侵害时则可引起失声,嗉囊扩张,以及呼吸困难。步态不稳是最早看到的症状,后完全麻痹,不能行走。病鸡采食困难,发病期由数周到数月,死亡率为 10%～15%。

（二）内脏型

此类型多见于 50～70 日龄的鸡。病鸡精神委顿,食欲减退,羽毛松乱,鸡冠苍白、皱缩,腹泻、粪便呈黄白色或黄绿色,迅速消瘦,胸骨似刀锋。病鸡脱水,昏迷,最后死亡。

（三）眼型

此类型表现为单眼或双眼视力减退或消失。虹膜失去正常色素,呈同心环状或斑点状以至弥漫的灰白色。瞳孔边缘不整齐,到严重阶段瞳孔只剩下一个针头大的小孔。

（四）皮肤型

此类型可见皮肤上毛囊肿大,形成小结节或瘤状物,多发生于大腿部、颈部或体侧。

（五）混合型

有的病鸡同时出现上述的两种以上类型的症状,为混合型。

以上 5 种类型中,内脏型发生的最多;神经型也很常见,但在鸡群中发生时,发病率比内脏型低;眼型、皮肤型及混合型发生的较少。

四、病理变化

（一）神经型

最常见的病变表现在病鸡的外围神经,尤其是坐骨神经肿大、增粗,呈淡黄色,无光泽,横纹消失,有时呈水肿样外观。因病变往往只侵害单侧神经,故将两侧神经对比易于观察。

（二）内脏型

病鸡多种内脏器官出现肿瘤,肿瘤多呈结节性,圆形或近似圆形,数量不一,大小不等,略突出于脏器表面,呈灰白色,切面呈脂肪样。常被侵害的脏器有肝脏、脾脏、性腺、肾脏、心脏、肺脏、腺胃、肌胃等。性腺肿瘤比较常见,甚至整个卵巢被肿瘤组织代替。肌胃壁明显增厚或薄厚不均,黏膜出血、坏死。

（三）眼型

眼型的病变与症状相同,虹膜或睫状肌淋巴细胞增生、浸润。

（四）皮肤型

病鸡毛囊肿大,淋巴细胞增生,形成坚硬结节或瘤状物。

（五）混合型

混合型同时可见上述两种或几种类型的病理变化。

五、诊断

根据病鸡有肢麻痹症状,出现外周神经损害,法氏囊萎缩,内脏肿瘤等病理变化,可做出初步诊断。通过病毒分离鉴定、血清学方法、组织学检查及核酸探针等进行确诊。

六、防治

按农业部《马立克氏病防治技术规范》进行防控。

本病目前尚无治疗方法,预防依靠疫苗接种。在尚未存在超强毒的鸡场,使用火鸡疱疹病毒苗冻干苗（HVT）,对1日龄的雏鸡接种。为了提高免疫效果,可适当提高免疫剂量。在存在超强毒株的鸡场,应该使用血清Ⅰ型疫苗,如CV1988和二价苗（由Ⅱ型、Ⅲ型组成）。

此外,还必须采取其他综合性防治措施。加强饲养管理,提高机体抵抗力。采用全进全出制度,避免不同日龄鸡混养。减少鸡只与羽毛、粪便接触;实行严格消毒制度。消除各种应激因素。加强检疫,定期对鸡群进行疫情监测,发现病鸡及阳性鸡,立即淘汰,病鸡做焚烧深埋。凡出现病鸡或血清学检测结果呈阳性的鸡群,一律不能留作种用。被污染过的场地、鸡舍、笼具、用器,应严格打扫、清洗、消毒,随后再对鸡舍做熏蒸消毒,其他污染物（如垫料、饲料等）、分泌物、粪便、羽毛、皮屑、尘埃等,应打扫、集中,做焚烧处理和堆积发酵处理。发病严重的鸡场,在淘汰处理全鸡群和严格消毒后应间隔净化一段时间（如 3 个月或半年）后再进行饲养。

第三节　鸡传染性法氏囊病

鸡传染性法氏囊病是由传染性法氏囊病毒引起的雏鸡的一种急性、热性、高度接触性传染病。幼鸡感染后还可引起免疫抑制，对多种疫苗的免疫应答能力降低，对多种病原体的易感性增强，从而导致严重的经济损失。

一、病原特点

本病的病原为传染性法氏囊病毒。有两个血清型，即 I 型和 II 型。血清 I 型对鸡有致病性，II 型对火鸡致病。I 型又存在不同的亚型，两型之间有较低的交叉免疫保护，亚型之间有一定的交叉免疫保护。病毒容易发生变异：一种是抗原的变异，出现变异株，使用经典株血清 I 型弱毒苗免疫的鸡，不能抵抗变异株病毒的攻击，从而导致免疫失败；另一种是毒力的变异，出现超强毒株，这也是免疫失败或效果不理想的原因之一。

该病毒抵抗力强，耐热、耐阳光及紫外线照射。病毒在 56℃ 5 h 仍存活，60℃可存活 30 min，病毒耐酸（pH 2.0），但不耐碱（pH 12.0）。3%来苏儿、0.2%过氧乙酸、2%次氯酸钠、5%漂白粉、3%石炭酸、3%甲醛、0.1%升汞可在 30 min 内灭活病毒。

二、流行病学

（一）传染源

病鸡和带毒鸡是主要传染源，其粪便中含大量的病毒。它们可通过粪便持续排毒 1 ～ 2 周，病毒可持续存在于鸡舍中。

（二）传播途径

本病通过直接接触和间接接触传播，可通过被污染的饲料、饮水、垫草、用具等传播。小粉虫、鼠类、人、车辆等可能成为传播媒介。病毒主要经消化道传染给人。该病毒首先在肠道巨噬细胞和淋巴细胞内初步繁殖，然后随血流转移到肝脏和法氏囊，在此大量繁殖并经泄殖腔排出。

（三）易感动物

鸡对本病最易感，主要是 2 ~ 15 周龄的鸡受侵害，其中以 3 ~ 6 周龄的鸡最易感。成年鸡对本病具有抵抗力，1 ~ 2 周龄的雏鸡发病较少，肉仔鸡比蛋鸡易感性强。国内也有鸭、鹅、鹌鹑能感染发病的报道，并有人从麻雀中分离到病毒。

（四）流行特点

本病无明显的季节性，一年四季均可发生。病鸡常突然发病，迅速传播，感染率和发病率高，有明显的死亡高峰。发病后 3 ~ 4 d 死亡最多，6 ~ 7 d 疫情逐渐平稳。鸡群发病后可导致免疫抑制和抵抗力下降，从而引起多种疫苗免疫失败或诱发多种疫病。

三、临床症状

本病的潜伏期一般为 2 ~ 3 d。病鸡发病突然，迅速波及整个鸡群。病初体温升高，食欲减少，精神沉郁，羽毛松乱。随后，病鸡排出白色水样稀粪，玷污肛门周围，病鸡自啄肛，离群呆立，两翅下垂，饮水增加，嗉囊中充满液体。严重的后期脱肛，体温下降，卧地不起，极度虚弱而死亡。鸡群一般于发病后第 2 ~ 3 天开始死亡，并很快达到高峰，5 ~ 7 d 后死亡率减少并逐渐停止，死亡曲线呈尖峰型，病程一般为 5 d 左右。康复鸡有不同程度的免疫抑制现象，一般没有其他后遗症。

四、病理变化

死亡病鸡多尸体脱水。胸肌、腹肌、腿肌有斑点状或条纹状出血。法氏囊先肿大后萎缩，感染后第 2 ~ 3 天法氏囊肿大 1.5 ~ 3 倍，浆膜有胶冻状渗出物覆盖，囊内有果酱样或干酪样物；第 4 天重量增加 1 倍；第 5 天恢复正常重量；之后迅速萎缩，至第 8 天，只有原来重量的1/3。法氏囊常有坏死灶，浆膜、黏膜均可有出血斑点。肾苍白、肿大，肾小管和输尿管扩张，充满白色尿酸盐。腺胃黏膜水肿、潮红或出血。腺胃与肌胃交界处黏膜可见到带状出血。

五、诊断

根据流行病学特点、特征症状和病变可做出初步诊断。确诊或对亚临床型感染病例诊断时则须进行实验室检查。

临床上注意与鸡新城疫、鸡传染性支气管炎、鸡传染性贫血等病相区别。

六、防治

（一）预防

认真做好常规的隔离、检疫和卫生消毒工作，以及病死鸡尸体及其污染物、排泄物的无害化处理。

免疫接种是预防本病最重要的措施，特别应做好种鸡的免疫。我国常用疫苗有活疫苗和灭活疫苗两种。活疫苗又分弱毒活疫苗、中等毒力活疫苗和毒力偏强的活疫苗。弱毒活疫苗对法氏囊没有任何损伤，但其免疫效果不理想，目前已经很少应用；中等毒力活疫苗对法氏囊有轻度可逆性损伤，其免疫保护力高，在实际生产中广泛使用；毒力偏强的活疫苗可造成不可逆性的损伤，应慎用。

一般应用中等毒力活疫苗对 10～14 日龄种鸡首免，首免后 21 d 二免，18～20 周龄和 40～42 周龄用油佐剂灭活苗加强免疫。商品蛋鸡和肉鸡一般免疫两次，不接种灭活疫苗，免疫时间、疫苗种类基本与种鸡相同。

有条件的单位可通过监测 1 日龄雏鸡抗体水平来确定首免日龄：雏鸡抗体阳性率在 80% 以下，在 10～14 日龄首免；阳性率在 80% 以上，则选择 14～21 日龄首免。

（二）治疗

对发病鸡群，用法氏囊高免血清或高免卵黄抗体进行紧急接种注射，具有良好疗效，且可迅速控制病的流行。与此同时，让鸡群服用 5% 葡萄糖水，有助于病鸡的康复。

第四节　鸡产蛋下降综合征

鸡产蛋下降综合征是由禽腺病毒Ⅲ群中的病毒引起的产蛋鸡的一种传染病。以鸡群产蛋量骤然下降、蛋壳异常、蛋体畸形、蛋质低劣、褐色蛋蛋壳颜色变淡为特征。

一、病原特点

本病的病原为禽腺病毒Ⅲ群病毒，目前只有1个血清型，而且免疫原性较好。

该病毒对乙醚不敏感，pH耐受范围广，pH 3条件下不死。加热至56℃可存活3 h，在60℃经30 min丧失致病性，在70℃经20 min完全灭活，室温条件下，至少可存活6个月。0.1%甲醛对其作用48 h、0.3%甲醛对其作用4 h可使病毒灭活。

二、流行病学

（一）传染源

本病的传染源主要是病鸡和带毒鸡。

（二）传播途径

本病主要通过带毒种蛋垂直传播，种公鸡的精液也可传播病毒；水平传播可通过接触传播或被污染的环境、蛋盘等间接传播。

（三）易感动物

各种年龄的鸡均可感染，主要发生在24～30周龄产蛋高峰期的鸡群，幼龄鸡感染后不表现临床症状。不同品系的鸡的易感性存在差异，产褐壳蛋的母鸡最易感，产白壳蛋的母鸡发病率较低。火鸡、珍珠鸡、鸭、鹅也可感染。

（四）流行特点

本病一年四季均可发生。通常在产蛋初期或产蛋高峰期暴发。

三、临床症状

发病鸡群均为产蛋鸡，发病日龄大多在 170～220 日龄，个别可延迟至 240 日龄。鸡群无疾病症状，突然产蛋下降，下降幅度 10%～30%，有的鸡场混合感染其他疾病，产蛋量下降可达 50%。一般在发病后 3～4 周恢复产蛋，但大多数鸡群难以回到发病前的产蛋水平。

被感染的鸡群，精神状态良好，没有明显的疾病症状，始终都有食欲。产蛋量显著下降，产出的蛋颜色消退，褐色蛋常变浅或变成白色，薄壳蛋和软壳蛋数量增多。蛋清的黏稠度降低。个别鸡出现腹泻，偶有精神和食欲变化，有的发病鸡出现贫血。病鸡一般很少死亡。

四、病理变化

剖检病理变化不明显，少数病鸡卵巢出血或萎缩，有的出现输卵管黏膜水肿或肥厚。组织学检查可见输卵管腺组织萎缩，皱襞水肿。

五、诊断

由于本病病症和病变不明显，主要对现场作流行病学的调查和分析，做出初步诊断。确诊须依靠实验室检查。

注意与禽脑脊髓炎、鸡毒支原体感染、包涵体肝炎、传染性支气管炎、非典型新城疫等病区别。

六、防治

目前对本病尚无有效治疗方法。只能从管理、免疫、扑杀等方面采取措施。加强禽群的饲养管理，喂给平衡日粮，保证必需氨基酸、维生素和微量元素的平衡。应从未感染本病的鸡场引种或鸡群中留用种蛋。做好鸡舍及周围环境卫生消毒工作，合理处理粪便，防止饲养管理用具混用。及时淘汰血清学检查结果呈阳性鸡。

蛋鸡后备鸡、种鸡后备母鸡群，于开产前 2～4 周注射产蛋下降综合征油佐剂苗,整个产蛋周期内可得到较好的保护。

鸡群发病时,可用抗生素类药物防止混合和继发感染。

第五节　鸡传染性支气管炎

鸡传染性支气管炎是由鸡传染性支气管炎病毒引起的鸡的一种急性、高度接触性呼吸道传染病,简称传支。其特征是病鸡咳嗽、打喷嚏和气管发出啰音。雏鸡还可出现流鼻涕症状,产蛋鸡产蛋量减少和所产蛋的质量低劣。肾病变型的鸡肾肿大,有尿酸盐沉积。

一、病原特点

本病的病原为鸡传染性支气管炎病毒,有 8 ～ 10 个血清型,毒株间常发生核酸重组现象,很容易出现新的血清型或基因型,各血清型间没有或仅有部分交互免疫作用,因此,生产上必须用多价苗进行免疫。

该病毒对热的抵抗力不强,在低温下能长期保存,对酸有一定的抵抗力,常用的消毒剂对其都有很好的杀灭效果。

二、流行病学

（一）传染源

本病的传染源为病死鸡和带毒鸡。病毒可由分泌物、排泄物排出,康复鸡排毒可达 5 周之久。

（二）传播途径

本病的主要传播途径是经飞沫传播。病鸡从呼吸道排出病毒,经飞沫传播给易感鸡。另外,也可通过被病毒污染的饲料、饮水、用具、垫料等经消化道感染。一般认为,本病不能通过种蛋垂直传播。

（三）易感动物

自然感染仅见于鸡、雉鸡,各年龄的鸡均可感染,但以雏鸡发病最严重,死亡率也高,一般以 40 日龄以内的鸡多发。

（四）流行特点

各种应激因素均可促使本病发生或使病情加重。鸡舍卫生条件不良、过热、寒冷、过分拥挤及营养缺乏等均可促进本病的发生。本病一年四季均可发生，但以冬、春较严重。

三、临床症状

本病自然感染的潜伏期为 36 h 或更长。由于病毒的血清型不同，鸡感染后出现不同的症状。

（一）呼吸型

不同日龄的鸡均可发此类型病。病鸡常突然发病，出现呼吸道症状，可迅速波及全群，病程为 10 ～ 15 d。幼雏表现为伸颈，张口呼吸，咳嗽。精神萎靡，食欲废绝，常拥挤在一起。2 周龄以内的病雏鸡，鼻窦肿胀，流黏性鼻液，流泪，病鸡常甩头。稍大日龄鸡呼吸道症状与病雏鸡相同但较轻。

产蛋鸡感染后呼吸道症状较轻，产蛋量下降 25% ～ 50%，可持续 4 ～ 8 周，同时产软壳蛋、畸形蛋或砂壳蛋，蛋白稀薄如水样。

（二）肾病变型

此类型多发于 20 ～ 50 日龄的幼鸡。病鸡除有呼吸道症状外，还可引起肾炎和肠炎。持续腹泻，粪便呈白色水样，并含有大量尿酸盐。迅速脱水、消瘦。病程一般比呼吸型稍长，死亡率也高。

（三）腺胃型

此类型主要表现为病鸡眼肿、流泪、腹泻、极度消瘦和死亡，同时伴有呼吸道症状。

四、病理变化

病变主要在呼吸道。在鼻腔、气管、支气管内有浆液性、黏液性或干酪样的渗出物。气囊可能混浊或含有干酪样渗出物。产蛋母鸡卵泡充血、出血或变形，腹腔内可见到液状卵黄物质，输卵管萎缩。雏鸡感染后，有的输卵管受到永久性损害，以至成熟期不能正常产蛋。

受肾病变型病毒株侵害时,病鸡肾脏肿大、苍白,或呈灰白色斑驳状花肾;肾小管和输尿管扩张,充满白色尿酸盐;直肠后段沉积尿酸盐,呈石灰浆样。

五、诊断

根据流行病学、发病传播迅速及呼吸道症状为主的临床症状特点以及病理变化,可做初步诊断。进一步确诊则有赖于病毒分离鉴定及血清学试验。

呼吸道症状注意与鸡新城疫、鸡传染性喉气管炎和鸡传染性鼻炎相区别;肾病变型注意与鸡传染性法氏囊病和痛风相区别;成年鸡产蛋减少、产畸形蛋等易与非典型鸡新城疫和鸡产蛋下降综合征相混,应注意进行鉴别。

六、防治

（一）预防

1. 加强饲养管理

鸡舍注意通风换气,防止过挤,注意保温,补充维生素和矿物质饲料,增强鸡的抗病力。

2. 免疫接种

目前,国内外已有多种鸡传染性支气管炎弱毒疫苗,是由各个血清型的鸡传染性支气管炎病毒强毒致弱而成,但应用较为广泛的是属于 Massachusetts 血清型的 H_{52} 和 H_{120} 毒株。其中, H_{120} 可用于雏鸡,多适用于首免, H_{52} 则用于基础免疫过的鸡群。疫苗接种用滴鼻、点眼较为合适。可于 7 日龄左右进行一免,二免于 3～4 周龄进行,以后每 2～3 月免疫一次。在本病流行严重的地区,一免可在 1 日龄进行。鸡新城疫与鸡传染性支气管炎的二联苗由于使用上较为方便,故应用者也较多。

（二）治疗

到目前为止,本病尚无有效的治疗药物。但发病鸡群可用止咳化痰、平喘药物对症治疗,同时配合抗生素或其他抗菌药物控制继发感染。另外,改善饲养管理条件,可降低传染性支气管炎所造成的经济损失。

第六节　鸡传染性喉气管炎

鸡传染性喉气管炎是由病毒引起的急性、接触性呼吸道传染病。其特征是咳嗽、呼吸困难,咳出带血的渗出物,喉头和气管黏膜肿胀、出血和糜烂。

一、病原特点

本病的病原为传染性喉气管炎病毒。本病毒对热的抵抗力不强,37℃下存活 22 ~ 24 h,加热至 55℃可存活 10 ~ 15 min,水煮沸后立即死亡。对乙醚、氯仿等脂溶性溶剂均敏感,常用的消毒药 1 min 可以杀死病毒。但病毒在干燥环境下可存活 1 年以上。低温条件下,存活时间长,在 -60 ~ -20℃时,能长期保存其毒力。

二、流行病学

(一)传染源

本病的传染源主要是病鸡和带毒鸡。在自然情况下,本病主要是由健康鸡与带毒鸡通过飞沫传播而传染。存活的感染鸡是本病重要的传播者。虽然康复鸡自身可获得免疫,但它们可以成为带毒者。接种过本病强毒疫苗的鸡,能够在较长时间内散发病毒,成为传染源。被污染的饲料、饮水、垫草、用具及设备和其他一些污染物都可机械带毒传播本病。野生飞禽如麻雀、乌鸦等也可以间接传播本病。

(二)传播途径

自然感染本病的主要途径是呼吸道和眼结膜。病毒存在于传染源的呼吸道和气管分泌物中,通过咳出的黏液和排出的血液而污染周围环境。健康鸡通过呼吸道、眼结膜感染发病。

(三)易感动物

各种年龄及品种鸡均可感染,但以成年鸡症状最典型。幼龄火鸡、野鸡、鹌鹑和孔雀也可感染。

（四）流行特点

本病多见于冬秋季节,常呈流行性或暴发性发生。一旦发生本病,鸡群中90%～100%的易感鸡都感染发病,特别是5～12月龄的鸡更容易感染。本病的死亡率为5%～70%不等,平均为10%～20%。另有一种呈地方性流行的轻微型鸡传染性喉气管炎,其发病率低或不定,死亡率也极低,仅有0.1%～2%。

三、临床症状

本病的潜伏期为2～4 d,急性型常突然发病,传播迅速,突出的临床表现是咳嗽,喘气,流鼻液和呼吸时发出湿性啰音。病鸡常呈伏卧姿势,呼吸时突然向上伸颈张口,咳嗽时咳出带血的黏液和血凝块,病重者缩颈闭眼。检查口腔,可见喉部周围黏膜和气管充血,或有黄色纤维蛋白覆盖。病鸡迅速消瘦,有时排绿色稀粪,产蛋量下降,最后多因衰竭死亡。有的病鸡因气管中黏液过多而窒息死亡。病程一般为10～15 d。

温和型病例的症状:生长发育不良,产蛋下降,有轻微的咳嗽和啰音,眼结膜和眶下窦肿胀和充血,鼻液增多,发病率5%,病程1～4周不等。

本病的病程不长,通常7 d左右症状消失,但在鸡群中流行期可达4～5周。产蛋鸡产蛋量可下降10%～60%,恢复正常往往需1个月后。

四、病理变化

最常见的病变在气管和喉头。鼻腔、鼻窦有黏液性、脓性或纤维蛋白性渗出物。口腔内有血液和黏液。喉部和气管充血、出血,充满黏液并混有血凝块。炎症可波及支气管、肺和气囊。温和性病例可见眼结膜和眶下窦上皮水肿和充血。组织学检查可见黏膜下水肿和细胞浸润。

五、诊断

根据流行病学、特征症状和典型病变,即可做出诊断。症状不典型时,须进行实验室检查。

注意与鸡新城疫、鸡传染性支气管炎、鸡传染性鼻炎、鸡毒支原体感染等病区别。

六、防治

（一）预防

1. 隔离与消毒

由于带毒鸡是本病主要传染源，故必须避免易感鸡与康复鸡或接触过疫苗的鸡接触。实行严格的隔离，新引进的鸡必须用少量易感鸡与之接触并隔离饲养观察 2 周，证明易感鸡不发病，方可合群。

搞好鸡场的卫生消毒，保证鸡场的清洁卫生和在与外界隔离状态下进行饲养，也是防控本病的关键。

2. 免疫接种

免疫接种是控制本病的有效办法。但本病的弱毒疫苗接种后应激反应较大，而且疫苗能使鸡带毒，故疫苗接种一般在流行区域里进行，未发生过本病的鸡场不宜使用。

疫苗接种途径采用涂肛法，对同栏鸡一只不漏地接种。肉鸡在 20 日龄接种，种鸡、蛋鸡在 28 日龄首免，间隔 6 周进行二免。

（二）治疗

本病目前尚无特效的治疗药物。免疫血清对本病有治疗作用，但价格昂贵。临诊上多进行对症治疗以缓解症状和防止继发感染，并可应用弱毒疫苗进行紧急接种，经临床实践证明，弱毒疫苗对本病的控制有一定的效果。

中兽医治疗本病以清肺利咽、化痰止咳平喘为治疗原则。西兽医治疗以抗菌消炎、防止继发症为原则。喉部和气管上端有干酪样栓子时，可用镊子除去。

第七节　禽流感

禽流感是由 A 型流感病毒引起的多种禽类的传染病，具有发病率高、传播率高、死亡率高的特点。

一、病原特点

本病的病原为禽流感病毒。禽流感病毒属正黏病毒科、流感病毒属，病毒粒子直径为 80 ～ 120 nm。在粒子内部含有一条 RNA 的核蛋白链，呈螺旋状排列，具有特异性抗原；在病毒的外衣壳上，分布有神经氨酸酶（NA）和血凝素（HA）两种不同的抗原成分。可凝集鸡等动物的红细胞，且能被特异性的抗血清所抑制，对呼吸系统有致病性。

二、流行病学

（一）传染源

病禽及带毒的禽、鸟均为其主要传染源。已从许多国家的家禽、野禽及野生鸟中分离到了多种 A 型流感病毒，如鸡、火鸡、珍珠鸡、鸭、鹅、野鸭、燕鸥、乌鸦、寒鸦、鸽、鹧鸪、燕子、苍鹭、番鸭等，且多数禽、鸟的感染为无临床症状的隐性感染。另外，一些观赏鸟类的国际贸易往来也是禽流感病毒的一个来源。

（二）传播途径

病毒存在于机体内，通过呼吸道、消化道及结膜排出，污染饲料、饮水、设备、用具等周围环境。也可通过吸血昆虫、带毒蛋、带毒鸟传播。健禽则以直接接触和间接接触的方式，通过呼吸道、消化道、损伤的皮肤和眼结膜感染。

（三）易感动物

多种禽类和动物均可感染，以鸡、火鸡最易感。

（四）流行特点

禽流感常为突然发生，传播迅速，呈流行性或大流行性。

三、临床症状

毒株不同症状差异很大。被高毒力株（即高致病性禽流感）感染后，病鸡可出现头和面部水肿,鸡冠和肉垂肿大并发绀,脚鳞出血等症状,突然发病死亡,死亡率超高,常于 2 d 内鸡群全群覆没。中低毒力株禽流感主要表现为轻度呼吸道症状。产蛋率、受精率和孵化率下降,死亡率很低,该型禽流感是目前我国发生的主要临床类型。

四、病理变化

高毒力株禽流感常无明显病理变化,病程稍长者可见皮肤、冠和内脏器官有不同程度的充血、出血和坏死。低毒力株禽流感主要病变是气管充血、点状出血、肺泡炎、腹膜炎、卵泡退化。

五、诊断

由于禽流感症状和病变轻重不一,变化较大,且无典型性,同时与本病相类似的禽病甚多,再加上并发感染和继发感染的存在,所以,确诊必须依靠病毒的分离鉴定和血清学试验。具体方法可参照《禽流感病毒通用 RT-PCR 检测技术》《高致病性禽流感诊断技术》《禽流感病毒 NASBA 检测方法》。

六、防治

目前,禽流感的防治均按照《高致病性禽流感防治技术规范》实施。主要采取扑杀、强制性免疫和生物安全相结合的扑灭措施。同时,参照世界卫生组织(WHO)的专家建议,免疫接种可作为扑杀的补充手段。

第八节　鸭　瘟

鸭瘟又叫作鸭病毒性肠炎,是鸭的一种急性传染病。其临床特点是病鸭高热、脚软、行走困难、拉绿色稀便、流泪。常见头颈部肿大,故有"大头瘟"之称。

一、病原特点

本病的病原为鸭瘟病毒,只有一个血清型,不同毒株的致病性有差异,但免疫原性相似。近年来一些毒株对鸭的致病性有所减弱,而对鹅的致病性有所增强。

鸭瘟病毒对外界环境的抵抗力弱,对温热和一般消毒剂都较敏感,在56℃ 10 min、80℃ 5 min 即可被杀死。2%氢氧化钠、2%甲醛溶液均能较快地杀灭病毒。夏季在直射阳光下,该病毒经9 h毒力消失。但对低温抵抗力较强,在 -7 ～ -5℃经 3 个月毒力不减弱,在 -15 ～ -10℃约经 1 年仍有致病力。

二、流行病学

(一)传染源

本病的主要传染源是病鸭、处在潜伏期的感染鸭、病愈不久的带毒鸭。

(二)传播途径

本病主要经消化道传播,也可经呼吸道、眼结膜或交配传播。吸血昆虫可能是传播媒介。

(三)易感动物

各种年龄和品种的鸭均可感染,但以番鸭、麻鸭和绵鸭最易感,成年鸭和产蛋母鸭发病和死亡严重,其他水禽也可感染。

(四)流行特点

本病一年四季均可发生,但以春末至秋季流行最为严重。

三、临床症状

人工感染成年鸭潜伏期一般为48 ～ 96 h,自然感染的潜伏期为3 ～ 5 d。病初鸭体温升高至43℃以上,稽留到疾病后期。最初表现为突然出现持续存在的全群高死亡率,成年鸭死亡时肉质丰满,成年公鸭死亡时伴有阴茎脱垂。在死亡高峰期,蛋鸭产蛋率下降25% ～ 40%。2 ～ 7周龄的商品鸭患病时呈现脱水、体重下降、蓝喙,泄殖腔常有血染。

病鸭表现精神沉郁,头颈缩起,不愿走动,双翅扑地,食欲减退或废绝,极度口渴,羽毛松乱,流泪,眼睑粘连,鼻腔也有分泌物,呼吸困难,病鸭下痢,排出绿色或灰白色稀粪,泄殖腔周围的羽毛被污染并结块。泄殖腔黏膜充血、水肿,严重者黏膜外翻,黏膜面有绿色假膜且不易剥离。部分病鸭头颈部肿胀,俗称"大头瘟"。病后期体温下降,精神高度委顿,不久即死亡。急性病程一般为 2 ~ 5 d,有些可达 1 周以上,总死亡率为 5% ~ 100%。少数不死者转为慢性,表现消瘦,生长停滞,特点为角膜浑浊,严重者形成溃疡,多为一侧性。鹅发生本病时,病鹅表现与鸭相似。

四、病理变化

本病的病理变化是急性败血症,全身浆膜、黏膜与内脏器官有不同程度的出血斑点或坏死。

舌根、咽部、腭部及食道、肠道、泄殖腔黏膜表面常有淡黄、灰黄或草黄色的不易剥离的伪膜覆盖,刮落后即露出鲜红色、大小不一的出血溃疡灶。腺胃黏膜有出血斑点,有时在腺胃与食道膨大部的交界处,有一条灰黄色坏死带或出血带,肌胃角质膜下充血或出血。

肝脏有出血斑点,肝表面与切面有针尖大至小米大的灰白色坏死斑点,胆囊肿大,脾体积缩小,呈黑紫色,心内、外膜上有出血点,腔上囊出血,卵泡常有变形与泡内出血性病变。

皮下组织发生不同程度的炎性水肿。在"大头瘟"的典型病例,头与颈部的皮肤肿胀,切开时流出淡黄色的透明液体。

五、诊断

根据流行特点、临床症状及病理变化可做出初步诊断。确诊须进行实验室检查。

注意与禽霍乱、禽流感等病相区别。

六、防治

（一）预防

首先应避免从疫区引进鸭苗、种鸭及种蛋,有条件的地方最好自繁自养。其次,要禁止健康鸭在疫区野禽出没的水域放牧。平时要执行严格的消毒制度,消毒药可选用 10% ~ 20% 石灰水或 2% 氢氧化钠溶液。

（二）治疗

鸭群发病时,对健康鸭群或疑似感染鸭,应立即用鸭瘟疫苗进行紧急接种;对病鸭,进行早期治疗,每只肌内注射鸭瘟高免血清 0.5 mL 或聚肌胞 0.5～1 mL,每 3 d 注射 1 次,连用 2～3 次。可用恩诺沙星可溶性粉拌水混饮,防止细菌继发性感染,每天 1～2 次,连用 3～5 d,但不应用于产蛋鸭,肉用鸭售前应停药 8 d。对病鸭进行宰杀并深埋处理。同时对病鸭可能接触过的一切物品进行彻底消毒。

第九节 小鹅瘟

小鹅瘟是由小鹅瘟病毒引起的主要侵害雏鹅的一种急性或亚急性败血性传染病。临诊特征为病鹅精神委顿、食欲废绝和严重下痢。

一、病原特点

小鹅瘟的病原为鹅细小病毒,只有一个血清型。对鹅有特异性的致病作用,而对鸭、鸡、鸽、鹌鹑等禽类及哺乳动物无致病作用。各病毒株之间都具有相同的抗原性。

该病毒对外界环境的抵抗力较强,在 -20℃下至少存活 2 年,能耐 56℃达 3 h 之久。对乙醚等有机溶剂不敏感,对胰酶和 pH 3 的条件稳定。

二、流行病学

（一）传染源

病鹅及带毒鹅是本病的主要传染源。

（二）传播途径

本病主要通过消化道传染,也可经卵垂直传播。

（三）易感动物

本病主要发生于 3 周龄以内的雏鹅,尤其 1 周龄左右最易发病。发病日龄越小,死亡率越高。成鹅感染后症状不明显。

（四）流行特点

本病的暴发和流行具有明显的周期性,即在大流行后的 1 ～ 2 年内不会再次流行。在部分淘汰种鹅的地区,周期性不甚明显,每年都会发生。

三、临床症状

本病的潜伏期一般为 3 ～ 5 d。症状根据病程长短可分为最急性型、急性型和亚急性型 3 种。

（一）最急性型

1 周龄内的雏鹅感染时常呈此型经过。病雏鹅往往不显任何症状即突然死亡,只有半天或 1 d 的病程。

（二）急性型

急性型为常见的病型,常发生于 7 ～ 15 日龄的雏鹅。病雏鹅首先表现精神沉郁、缩颈、步行艰难,常离群独处,继而食欲废绝,严重下痢,排出黄白色水样与混有气泡的稀粪,鼻液分泌增多。病鹅临死亡之前可出现神经症状,颈部扭转,全身抽搐或发生瘫痪。病鹅通常在出现症状后的 12 ～ 48 h 死亡。

（三）亚急性型

亚急性型常发生在疫病流行后期,或是日龄较大的病鹅,症状较轻,以食欲不振与腹泻为主。病程也较长,可持续 1 周以上,有些病鹅可能自然康复,但以后生长缓慢。

四、病理变化

主要病变在消化道,尤其是小肠部分。肠道发生弥漫性急性卡他性炎症和纤维素性、坏死性炎症。小肠黏膜大片坏死、脱落,积集于小肠后段形成特征性栓子堵塞肠腔。肝脏肿大,呈深紫红色或黄红色。胆囊肿胀,胆汁充盈。脾脏和胰腺充血,偶见灰白色坏死点。

五、诊断

根据发病日龄、特征症状和病理变化,可做出初步诊断。确诊须进行实验室诊断。

注意与鹅巴氏杆菌病、副伤寒、流感、鹅副黏病毒病、球虫病等相区别。

六、防治

（一）预防

小鹅瘟主要通过孵坊传染。因此,孵坊的一切用具在使用后必须清洗消毒。育雏室要定期消毒,外购的种蛋也要用福尔马林熏蒸消毒,刚出壳的雏鹅要避免与外购的种蛋接触。如发现雏鹅在 3 ～ 5 日龄发病,说明孵坊已经污染,应立即停止孵化,待将孵化室、育雏室及用具全部彻底消毒后再进行孵化。

（二）治疗

发生本病时及早注射抗小鹅瘟高免血清能制止 80% ～ 90% 已被感染的雏鹅发病。由于病程太短,对于症状严重的病雏,抗血清的治疗效果甚微。对于发病初期的病雏,抗血清的治愈率为 40% ～ 50%。血清用量,对处于潜伏期的雏鹅每只 0.5 mL,已出现初期症状者为 2 ～ 3 mL,10 日龄以上者可相应增加,一律皮下注射。

第十章 其他动物传染病及防治

第一节 马传染性贫血

马传染性贫血简称马传贫,是由马传染性贫血病毒引起的马属动物的一种传染病。临床特征以发热为主,并伴有贫血、出血、黄疸、心功能紊乱、浮肿和消瘦等症状。

一、病原特点

本病的病原为马传染性贫血病毒。至少有 8 个血清型。

该病毒对外界的抵抗力较强,在粪便中能生存两个半月,但对热敏感,煮沸立即死亡。2%～ 4%氢氧化钠和 3%来苏儿等均能杀死该病毒。

二、流行病学

（一）传染源

本病的传染源主要是病马和带毒马。

（二）传播途径

本病主要通过吸血昆虫叮咬而传染,也可经消化道、呼吸道、交配、胎盘传染。

（三）易感动物

各品种、性别、年龄的马属动物均可感染,以马最易感,驴、骡次之。

（四）流行特点

本病有明显的季节性,以 7 ～ 9 月份发生较多。在流行初期多呈急性型经过,致死率较高,以后呈亚急性或慢性经过。

三、临床症状

本病潜伏期长短不一,一般为 10 ～ 30 d,最长可达 90 d。根据临床症状,分为急性型、亚急性型、慢性型和隐性型 4 种。

（一）急性型

该类型多见于新疫区的流行初期或疫区内突然暴发的病马。体温升高达 39 ～ 41℃,稽留 8 ～ 15 d。发热初期,可视黏膜潮红,轻度黄染。随后逐渐变为黄白至苍白。在舌底、口腔、鼻腔、阴道黏膜及眼结膜处,常见鲜红色至暗红色出血点。

（二）亚急性型

该类型多见于流行中期,特征为反复发作的间歇热。患病动物一般发热至 39℃以上,持续 3 ～ 5 d 退热至常温,经 3 ～ 15 d 的间歇期又复发。有的病马出现温差倒转（即上午体温高,下午体温低）现象。病程 1 ～ 2 个月。

（三）慢性型

该类型见于老疫区,病程较长,特征为不规则发热。

（四）隐性型

该类型无可见临床症状,患病动物体内长期带毒。

四、病理变化

（一）急性型

该类型呈现全身败血变化。浆膜、黏膜、淋巴结和实质脏器有弥漫性出血点。脾急性肿大,呈紫红色,切面呈颗粒状。肝肿大,呈黄褐色或紫红色,切面形成槟榔状花纹(槟榔肝)。

（二）亚急性和慢性型

这两种类型主要表现贫血、黄染和细胞增生性反应。脾中度或轻度肿大,坚实,表面粗糙不平,呈淡红色;有的脾萎缩,切面小梁及滤泡明显。淋巴小结增生,切面有灰白色粟粒状突起。有不同程度的肝肿大,呈土黄或棕红色,质地较硬,切面呈豆蔻状花纹(豆蔻肝)。管状骨有明显的红髓增生灶。

五、诊断

目前常用的诊断方法有临床诊断、补体结合试验和琼脂扩散反应,其中任何一种方法检测结果呈阳性,都可判定为马传贫。病毒学诊断和动物接种试验只在必要时应用。

六、防治

按农业部《马传染性贫血防治技术规范》进行防控。

做好检疫工作,不从疫区引进马属动物,一旦发生疫情立即上报,迅速划分疫区,实行封锁。重症病马或孤立疫点的病马,应就地捕杀,尸体深埋或焚烧。对病马污染的厩舍、场地、用具等,要严格消毒。粪便经发酵处理 3 个月以上,方可利用。加强注射器等外科器械的消毒,不得混用。消灭蚊、蝇、虻等吸血昆虫,防止其在马体吸血。

在常发病的地区,可应用马传染性贫血弱毒疫苗进行定期预防接种,一般在蚊、虻活动季节前 3 个月或蚊、虻停止活动季节注射,3 个月后产生免疫力,免疫期约 1 年。

第二节 马鼻疽

马鼻疽是由鼻疽伯氏菌引起的马属动物的一种传染病。以在鼻腔、气管黏膜、肺、淋巴结、皮肤或其他实质脏器形成特异性的鼻疽结节或溃疡为特征。

一、病原特点

本病的病原为鼻疽伯氏菌,一种革兰氏阴性杆菌。

该菌对外界的抵抗力不强,55℃ 10 min,煮沸几分钟就可杀死。在鼻液中可生存 2 周。对常用的消毒剂敏感,5%漂白粉、10%石灰乳、3%来苏儿和 1%氢氧化钠等都很快将其杀死。

二、流行病学

(一)传染源

本病的传染源为病马及其他患病动物。

(二)传播途径

本病主要经消化道或损伤的皮肤、黏膜及呼吸道传染。

(三)易感动物

马属动物最易感,人和其他动物如骆驼、犬、猫等也可感染。

(四)流行特点

本病无季节性。在初发地区,多呈急性、暴发性流行,在常发地区多呈慢性经过。

三、临床症状

本病的潜伏期为 1 个月至数月。临床上常分为急性型和慢性型。

(一)急性型

急性型多发生于驴、骡和进口纯种马。体温升高达 39～41℃,呈不规则热,颌下淋巴结肿大。患病部位不同,临床特点也不同。

（二）慢性型

慢性型是我国本地马最常发生的一种病型,病程长,症状不明显或无任何症状。依靠临床症状难以确诊。

四、病理变化

本病的病理变化主要为急性渗出性和增生性鼻疽结节。渗出性为主的鼻疽结节见于急性鼻疽或慢性鼻疽的恶化过程中,增生性为主的鼻疽结节见于慢性鼻疽。在鼻腔、喉头、气管等黏膜及皮肤上可见到鼻疽结节溃疡及疤痕。有时可见鼻中隔穿孔。肺脏的鼻疽病变主要是鼻疽结节和鼻疽性肺炎。

五、诊断

根据临床症状和病理变化可做出初步诊断,确诊须进一步进行实验室诊断。

六、防治

按农业部《马鼻疽防治技术规范》进行防控。

对本病的预防目前尚未有有效菌苗,应采取综合性防治措施。加强饲养管理,做好消毒防疫工作,提高抗病能力。严格执行检疫制度,疫区每年进行 1 ~ 2 次临床检查和鼻疽菌素检疫,对开放性病马或检疫呈阳性的马,应采取扑杀销毁的措施。当马群中检出阳性病马,应对厩舍、饲管用具进行彻底消毒,对粪便进行发酵处理。对鼻疽疫区内的病马,在严格隔离的条件下进行治疗,有效的治疗药物有土霉素、多西环素、四环素、金霉素及磺胺类药物等。

第三节 兔病毒性出血症

兔病毒性出血症俗称"兔瘟",是由兔病毒性出血症病毒引起的兔的一种急性、高度接触性传染病。其特征为呼吸系统出血,实质器官肿大、瘀血及出血性变化。

一、病原特点

本病的病原为兔病毒性出血症病毒。

该病毒能抵抗乙醚和氯仿,能耐 pH 3 和 50℃ 40 min。对紫外线和干燥等不良环境的抵抗力较强。但常用消毒剂可灭活病毒。

二、流行病学

(一)传染源

病兔、隐性感染兔为主要传染源。

(二)传播途径

本病主要经消化道和呼吸道传染。也可通过交配,损伤的皮肤感染。

(三)易感动物

各品种家兔均可感染,但长毛兔最易感。3月龄以上的青壮年兔发病率和死亡率高达 100%,而且膘情越好,发病率和死亡率越高。乳兔及断奶兔有一定的抵抗力。

(四)流行特点

本病一年四季均可发生,以秋冬和早春最严重。

三、临床症状

本病的潜伏期为 1 ~ 3 d,据临床症状可分为 3 种类型。

(一)最急性型

此类型多发生在新疫区的流行初期。病兔突然发病,迅速死亡。

(二)急性型

此类型中病兔病初体温升高到 41℃以上,精神委顿,食欲减退,渴欲增加。皮毛无光泽,迅速消瘦。死前有短期兴奋、挣扎、狂奔、咬笼架,继而前肢俯卧,后肢支起,全身颤抖,倒向一侧,四肢划动,惨叫几声而死。少数病死兔鼻孔中流出泡沫样血液。病程为 1 ～ 2 d。

（三）慢性型

此类型多见于老疫区,病兔体温升高,精神委顿,逐渐消瘦、衰弱而死。

四、病理变化

本病的病理特征为出血性败血症。呼吸系统病变明显,鼻腔、喉头、气管黏膜高度充血及散在点状出血,其腔内有血样泡沫和液体,人称"红气管",具有特征性。全肺出血,呈暗红或紫红色,出血点从针尖大、绿豆大到全肺弥漫性出血不等,称为"花斑肺"。肺小叶间质增宽,内有水肿液。肝瘀血肿大,质脆易碎,有散在出血点,肝小叶间质增宽,表面有淡黄色或灰白色条纹,有散在出血点。脾、肾肿大。

五、诊断

根据流行病学特点、典型的临床症状及剖检变化,一般可做出初步诊断。必要时进行实验室诊断。

六、防治

（一）预防

本病的预防关键在于疫苗接种。可用兔出血症组织灭活苗,20 日龄仔兔初免,60 日龄二免,以后每半年注射一次。

兔群发生疫情时,立即封锁疫点,并对整个兔场彻底消毒。

（二）治疗

为每只病兔肌内注射 4 mL 高免血清,而后 7 ～ 10 d 再用兔瘟组织灭活苗作远期免疫。据报道,2 倍量疫苗紧急注射可收到良好的治疗效果。板蓝根注射液 2 mL,维生素 C 注射液 2 mL,肌内注射,有一定效果。

第四节　犬瘟热

犬瘟热是由犬瘟热病毒引起的犬和食肉目中许多动物的一种高度接触性传染病,以双相热型、呼吸道炎症、严重肠胃炎和神经症状为特征。

一、病原特点

本病的病原为犬瘟热病毒。

该病毒对干燥和寒冷有较强的抵抗力。3%氢氧化钠、3%的甲醛、5%石炭酸 5 min 内均可将其灭活。日光照射 14 h,可将病毒杀死。该病毒对有机溶剂敏感。

二、流行病学

(一)传染源

病犬、貂等发病动物和带毒动物是最主要传染源。

(二)传播途径

本病主要通过病犬与健犬直接接触经呼吸道感染,特别是飞沫对本病的传播具有特殊意义,经消化道、交配等也能感染。

(三)易感动物

不同年龄、性别、品种的犬都可感染,以不满 1 周岁的幼犬最易感。另外,犬科中的狼、豺、狐,鼬科中的貂,浣熊科中的浣熊、白鼻熊,以及小熊猫等均易感染。而人类和其他家畜对本病无易感性。

(四)流行特点

本病多发生于寒冷季节,季节性不明显,呈地方流行性或流行性。

三、临床症状

本病潜伏期,犬为 3 ~ 7 d,貂为 9 ~ 14 d。犬病初多表现眼、鼻流浆液性分泌物,倦怠,食欲减少。初次体温升高达 39.5 ~ 41℃,持续 2 d 左右,然后下降至常温,维持 2 ~ 3 d,此时病犬似有好转,有食欲。第二次体温升高可持续数周,呈典型双相热。这时病情进一步恶化,呈急性经过,表现精神委顿、拒食。眼、鼻流黏液脓性分泌物,继而发生肺炎,常出现呕吐。严重病例可表现下痢,粪便恶臭,呈水样,混有黏液或血液。病犬体重迅速减轻,萎靡不振,病死率很高。有些病犬发病后以神经症状为主,表现委顿、肌肉阵发性痉挛、共济失调、转圈、惊厥或昏迷。病犬出现惊厥后多以死亡转归。有些病例在其他症状消失后还遗留舞蹈症和麻痹等症状。患本病幼犬,有些在腹下、腹内侧或其他部位的皮肤出现丘疹,常演变为脓疱。康复后脓干涸而消失。

四、病理变化

剖检可见肺叶边缘肝变,质地变硬,气管积有泡沫状液体,肺有淤血斑,充血,水肿,切面流出血性泡沫状物。胃肠黏膜肿胀、出血和坏死,肠系膜淋巴结肿大,切面多汁。肝淤血,质脆,有白色坏死点。胆囊胀满,其周围组织有胆汁浸润。肾表面有出血点,肾包膜不易剥离。脑膜出血,有非化脓性脑炎。幼犬胸腺萎缩,呈胶冻样。

五、诊断

根据流行情况、临床症状及剖检变化可做出初步诊断。确诊须进行实验室诊断。

六、防治

（一）预防

主要采取综合性防疫措施。发现病犬及早隔离治疗,严格消毒,防止互相传染和扩大传播。用犬瘟热弱毒苗进行预防接种,幼犬出生后 9 周第 1 次免疫,15 周第 2 次免疫,以后每年免疫 1 次。对生后未吃乳的,在

2 周内接种疫苗,隔 10 ～ 15 d 第 2 次免疫。

（二）治疗

目前对病犬使用抗生素注射,结合强心补液等对症疗法,对早期治疗、控制细菌继发感染均有良好的效果。有条件者可对病犬注射犬瘟热抗血清治疗,效果较好。

第五节　犬细小病毒性肠炎

犬细小病毒性肠炎是由犬细小病毒引起的犬的一种急性传染病。临床表现以急性出血性肠炎和非化脓性心肌炎为特征。

一、病原特点

本病的病原为犬细小病毒。

本病毒对外界因素的抵抗力较强,在 60℃可存活 1 h。在粪便和固体污染物上的病毒可存活数月至数年。在低温环境感染性可长期保持。对 1%的甲醛、0.5%过氧乙酸、5%～ 6%次氯酸钠、1%～ 2%氢氧化钠敏感。

二、流行病学

（一）传染源

本病的传染源主要是病犬及病愈后带毒犬。

（二）传播途径

本病主要通过消化道感染。

（三）易感动物

各种年龄、性别和品种的犬均易感染,以断乳前后的幼犬易感性最高,也可感染貂、狐、狼等其他鼬科动物和犬科动物。

（四）流行特点

该病一年四季均可发生，以夏、秋季多发。

三、临床症状

本病的潜伏期为 1～2 周。本病在临床上主要表现为肠炎型和心肌炎型。

（一）肠炎型

肠类型多见于青年犬。病犬常突然发病，呕吐，精神沉郁，食欲废绝，体温升高达 40～41℃，走路蹒跚。随后腹泻，粪便呈黄色或灰黄色，伴有多量黏液及伪膜，接着排带有血液呈番茄汁样稀粪，有恶臭。病犬迅速脱水，眼窝凹陷，皮肤弹力消失。有些病犬只表现间歇性腹泻或仅排软便。病初的 4～5 d 内白细胞数明显减少。

（二）心肌炎型

心肌炎型多见于 8 周龄以下的幼犬，常突然发病，数小时内死亡。发病率 60%～100%。

四、病理变化

（一）肠炎型

在小肠下段，特别是空肠和回肠黏膜严重剥脱，呈暗红色。肠内容物中常混有多量血液。肠淋巴结肿大，由于充血、出血而变为暗红色。

（二）心肌炎型

心肌或心内膜有非化脓性坏死，心肌纤维严重损伤，常见出血性斑纹。

五、诊断

根据患犬频繁呕吐，随即出现严重出血性腹泻、脱水等表现可做出初步诊断,使用犬细小病毒诊断试纸是诊断本病的快速方法。

六、防治

（一）预防

使用犬细小病毒疫苗进行定期预防。及时隔离病犬,对犬舍及饲具等用 2%～4% 氢氧化钠或用 10%～20% 漂白粉液反复消毒。

（二）治疗

本病目前尚无特效疗法,一般多采用对症疗法,如补液、止泻、止血、止吐、抗感染和严格控制进食等。为了控制继发感染和纠正脱水,可用下方：5%～10% 葡萄糖注射液 50 mL/kg 体重、红霉素 10 mL/kg 体重、维生素 C 100 mL/kg 体重、氟美松 5 mL/kg 体重,混合后静脉注射。每天注射 1～2 次。

第六节　猫泛白细胞减少症

猫泛白细胞减少症又名猫瘟、猫传染性肠炎,是由细小病毒引起的急性、高度接触性、发热性的传染病。本病以体温升高、白细胞减少、呕吐和腹泻为特征。

一、病原特点

本病的病原为猫细小病毒。

本病毒对 1% 甲醛、1%～2% 氢氧化钠敏感。耐热性强,56℃ 48 h、80℃ 5 min 才失去感染力和血凝活性。对乙醚、氯仿不敏感。

二、流行病学

（一）传染源

病猫和带毒猫是主要传染源。

（二）传播途径

本病主要经消化道感染。也可通过胎盘直接传给胎儿。吸血昆虫（蚊子、跳蚤、虱子和螨等）也能传播本病。

（三）易感动物

各种年龄的猫均可感染，但 1 岁以内的猫，尤以 3 ～ 5 月龄的猫最易感。其他猫科动物也可感染。

（四）流行特点

本病通常发生于秋季，呈散发或地方性流行。

三、临床症状

本病的潜伏期一般 2 ～ 6 d。临床上可分为 3 种类型。

（一）最急性型

病猫无任何症状而突然死亡。

（二）急性型

病猫仅表现精神委顿、食欲不振等前驱症状，多在 24 h 内死亡。

（三）亚急性型

此类型常见病猫呕吐，体温升高至 40℃以上，持续 24 h 左右下降至常温，但经 2 ～ 3 d 后又可上升。此时，病猫精神高度沉郁，食欲不振，反复呕吐，腹泻，排带血的水样便，严重脱水。眼和鼻流出脓性分泌物。白细胞总数明显减少。通常在体温第二次升高达高峰后不久死亡。患病怀孕母猫出现流产或产死胎，即使生下仔猫也可能造成仔猫小脑发育不全。

四、病理变化

主要病变部位是小肠，黏膜水肿或附有坏死的伪膜，回肠呈现明显的出血性肠炎病变。另一剖检特征是长骨的红骨髓呈脂样或胶冻样改变。

五、诊断

根据流行病学、临床症状和剖检变化可做出初步诊断。确诊须进行实验室检查。

六、防治

（一）预防

最有效方法是接种猫泛白细胞减少症疫苗，使机体产生免疫。此外，平时应搞好猫舍及周围环境的卫生。

（二）治疗

目前对本病尚无特效药物，亦缺乏有效疗法。一般多采取以下综合措施。

（1）特异疗法：通常在病初为病猫注射大剂量抗病血清，多可获一定疗效。

（2）抗菌疗法：给病猫注射庆大霉素、卡那霉素等广谱抗生素，以控制混合感染或继发感染。如肌内注射庆大霉素 20 mg 或卡那霉素 200 mg，1 日 2 次，连用 4～5 日。

（3）对症疗法：①脱水：静脉注射加有维生素 B_1、维生素 C 3～5 g 的葡萄糖生理盐水 50～100 mL，每日分 2 次注射。②呕吐不止：按猫每千克体重肌内注射爱茂尔、维生素 B_1 各 0.5 mL，每日分 2 次注射。

参考文献

[1] 陈翠玲,张京和.动物营养与饲料生产技术 [M].北京：化学工业出版社,2011.

[2] 陈代文.动物营养与饲料 [M].2 版.北京：中国农业出版社,2015.

[3] 丁壮,李建华.猪病防治手册 [M].4 版.北京：金盾出版社,2013.

[4] 高本刚,傅先兰.牛病防治与阉割技术 [M].北京：中国林业出版社,2010.

[5] 龚丽敏,王恬.饲料加工工艺学 [M].北京：中国农业出版社,2010.

[6] 顾洪娟,田玉民.动物营养与饲料 [M].北京：中国农业出版社,2010.

[7] 黄国清,邬向东,张学栋.动物疾病防治 [M].北京：中国农业大学出版社,2017.

[8] 黄国清,易中华.动物营养与饲料 [M].北京：中国农业大学出版社,2016.

[9] 菅复春.猪病防控关键技术——常见猪病防控疑难问题破解方案 [M].郑州：中原农民出版社,2012.

[10] 来景辉.猪病诊断与防治实用技术 [M].北京：化学工业出版社,2012.

[11] 李德立,李成贤.动物营养与饲料配方设计 [M].北京：中国轻工业出版社,2017.

[12] 李凤刚.动物营养与饲料 [M].北京：中国劳动社会保障出版社,2011.

[13] 李茂.动物营养与饲料应用技术研究 [M].北京：中国农业科学技术出版社,2018.

[14] 李培合.农村畜禽疾病防治新技术 [M].北京：中国农业出版社,2002.

[15] 李雪梅,文平.养禽与禽病防治 [M].北京：中国轻工业出版社,2016.

[16] 刘国艳，李华慧．动物营养与饲料 [M].3 版．北京：中国农业出版社，2014.

[17] 陆江宁．猪病防治 [M]．北京：科学出版社，2013.

[18] 吕三福，孙健华，李亚新，等．养羊与羊病防控 [M]．北京：中国农业科学技术出版社，2017.

[19] 马美蓉，陆叙元．动物营养与饲料加工 [M]．北京：科学出版社，2012.

[20] 青海畜牧兽医职业技术学院养牛与牛病防治课程建设团队．养牛与牛病防治 [M]．北京：中国农业出版社，2013.

[21] 曲强．动物营养与饲料 [M]．北京：中国农业大学出版社，2011.

[22] 田树军．养羊与羊病防治 [M].3 版．北京：中国农业大学出版社，2012.

[23] 王艳丰．羊健康养殖与疾病防治宝典 [M]．北京：化学工业出版社，2016.

[24] 吴晋强．动物营养学 [M].3 版．合肥：安徽科学技术出版社，2010.

[25] 徐健，阳建飞，王君．畜禽疾病防治实用技术 [M]．北京：中国农业科学技术出版社，2017.

[26] 杨慧．动物营养与饲料 [M]．厦门：厦门大学出版社，2011.

[27] 杨慧芳．养禽与禽病防治 [M]．北京：中国农业出版社，2005.

[28] 杨久仙，刘健胜．动物营养与饲料加工 [M]．北京：中国农业大学出版社，2011.

[29] 杨孝列，刘瑞玲．动物营养与饲料 [M]．北京：中国农业大学出版社，2015.

[30] 臧素敏，张宝庆．养兔与兔病防治 [M].3 版．北京：中国农业大学出版社，2012.

[31] 张曹民，丁卫星，刘洪云．牛病防治诀窍 [M]．上海：上海科学技术文献出版社，2002.

[32] 张曹民，丁卫星，刘洪云．羊病防治诀窍 [M]．上海：上海科学技术文献出版社，2002.

[33] 张春杰．家禽疫病防控 [M]．北京：中国农业出版社，2009.

[34] 张鹤平．林地养猪疾病防治技术 [M]．北京：化学工业出版社，2017.

[35] 张洪让．家禽传染病防控技术 [M]．北京：中国农业出版社，2007.

[36] 张力，杨孝列．动物营养与饲料 [M].2 版．北京：中国农业大学

出版社,2012.

[37] 张卫宪 . 动物营养与饲料 [M]. 北京：中国轻工业出版社,2013.

[38] 钟静宁 . 动物疾病防治 [M]. 北京：中国农业出版社,2010.

[39]Maynard L A, et al. Animal nutrition[M]. 7th ed. New York：McGraw-Hill,
1979.

[40] 韩友文 . 饲料与饲养学 [M]. 北京：中国农业出版社,1998.